*Heinrich Mayr*

# Das Harz der Nadelhölzer, seine Entstehung, Verteilung, Bedeutung und Gewinnung

*Für Forstmänner, Botaniker und Techniker*

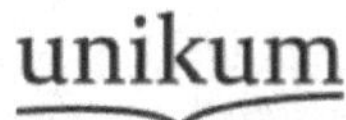

*Heinrich Mayr*

**Das Harz der Nadelhölzer, seine Entstehung, Verteilung, Bedeutung und Gewinnung**

*Für Forstmänner, Botaniker und Techniker*

---

*ISBN/EAN: 9783845743356*
*Erscheinungsjahr: 2012*
*Erscheinungsort: Bremen, Deutschland*



*www.unikum-verlag.de | office@unikum-verlag.de*

*Heinrich Mayr*

# Das Harz der Nadelhölzer, seine Entstehung, Verteilung, Bedeutung und Gewinnung

*Für Forstmänner, Botaniker und Techniker*

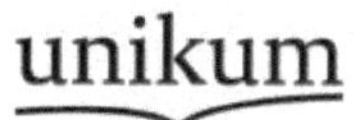

Das

# Harz der Nadelhölzer,

seine

## Entstehung, Vertheilung, Bedeutung und Gewinnung.

Für

Forstmänner, Botaniker und Techniker

bearbeitet

von

Dr. Heinrich Mayr,

ord. Professor an der kgl. Universität München.

---

Mit 4 Holzschnitten und 2 lith. Tafeln.

Berlin.

Verlag von Julius Springer.

1894.

Sonderabdruck aus „Zeitschrift für Forst- und Jagdwesen“ 1893.

# Vorwort.

Wenn ein Ding sonst nichts braucht als Weile, um gut zu werden, so könnte ich über die Güte vorliegenden Schriftchens über die Entstehung, Vertheilung, Bedeutung und Gewinnung des Harzes unbesorgt sein; denn seit mehr als 10 Jahren beschäftige ich mich mit dem Gegenstande. Im Laufe der Untersuchungen haben sich aber so viele unerwartete Thatsachen ergeben, daß ich nur wünschen möchte, daß noch andere Forscher dem Gegenstande ihre Aufmerksamkeit widmen möchten, um meine Angaben zu widerlegen oder zu bestätigen; um so lebhafter wünsche ich dies heute, da inzwischen, noch ehe der Druck des Manuskriptes ganz beendet war, für einige meiner Gesetze der Harzvertheilung im Baume die volle Bestätigung bereits eingetroffen ist, aus Amerika, wo unter B. E. Fernow's Direktion hochwichtige Untersuchungen über die physikalischen und technischen Eigenschaften der amerikanischen Hölzer im Gange sind.

Denen, die der praktischen Seite des Gegenstandes näher stehen, möchte ich meine neue Methode der Harznutzung zur gütigen Prüfung empfehlen; dieselbe, im V. Abschnitte ausführlich beschrieben, beabsichtigt die Verdampfung der flüchtigen Kohlenwasserstoffe des Harzes, die Verunreinigung desselben bei der Nutzung und die Werthsbeschädigung des angeharzten Stammes zu verhindern.

Bei der Wichtigkeit des Harzes und seiner Bestandtheile, für die Technik insbesonders, ist es auffallend, daß mit der Untersuchung über die Entstehung und Vertheilung des Harzes in den Nadelbäumen bis jetzt sich nur wenige

Forscher beschäftigt haben; darin liegt der Grund, warum über diesen Gegenstand in der botanischen, forstlichen und technischen Literatur die widersprechendsten und irrigsten Anschauungen bis heute fortgeschleppt wurden.

Wie weit über diesen Punkt die Ergebnisse meiner Untersuchungen neue Gesetze und Thatsachen beigebracht haben, mögen jene beurtheilen, die das Schriftchen zur Hand nehmen; hoffentlich ist es so gerathen, daß die geneigten Leser nach der Lektüre derselben nicht Zeit und Mühe zu bereuen haben.

München, im November 1893.

**Der Verfasser.**

# Inhaltsangabe.


Seite

**I. Bildung und Eigenschaften des Harzes.**

Standpunkt der chemischen Forschung . . . . . . . . . . . . . . . 1

Zusammensetzung des Harzes der wichtigeren Nadelhölzer . . . . . 4

Gesetze der Harzbildung . . . . . . . . . . . . . . . . . . 8

**II. Vertheilung des Harzes.**

**A. Anatomische Verhältnisse.**

a) Normale Harzbehälter.

1. Harzdrüsenhaare . . . . . . . . . . . . . . . 13
2. Harzzellen, Harzschläuche . . . . . . . . . . . 18
3. Harzgänge und -Lücken . . . . . . . . . . . . 20
   α) Aeußeres Gangsystem . . . . . . . . . . 21
   β) Inneres Gangsystem . . . . . . . . . . . 27

b) Abnorme Harzbehälter.

1. Abnormes Parenchym . . . . . . . . . . . . . 36
2. Harzbildung bei Ueberwallung . . . . . . . . . 37
3. Abnorme Harzgänge . . . . . . . . . . . . . 38
4. Harzgallen . . . . . . . . . . . . . . . . . 38
5. Harzrisse . . . . . . . . . . . . . . . . . 40

**B. Quantitative Vertheilung des Harzes.**

a) Normale Vertheilung.

Harzgehalt der Tanne (Abies pectinata) . . . . . . . . . 42

Harzgehalt der Fichte (Picea excelsa) . . . . . . . . . . 43

Harzgehalt der deutschen Rothkiefer (Pinus silvestris) . . . . 46

Harzgehalt der amerikanischen Rothkiefer (Pinus resinosa) . . . 50

Harzgehalt der Hackenkiefer (Pinus uncinnata) . . . . . . . 50

Harzgehalt der Weymouthskiefer (Pinus Strobus), in Deutschland gewachsen . . . . . . . . . . . . . . . . . . 51

Harzgehalt der Weymouthskiefer (Pinus Strobus), in Amerika gewachsen . . . . . . . . . . . . . . . . . . 52

Harzgehalt der südlichen Kiefer von Nordamerika (Pinus australis) 54

Harzgehalt der Lärche (Larix europaea) . . . . . . . . . 55

Harzgehalt der Douglastanne (Pseudotsuga Douglasii) . . . 59

Gesetze der Harzvertheilung im Baume . . . . . . . . . 61

Seite

b) Abnorme Vertheilung des Harzes, Verkienung . . . . . 67
1. Bei Verwundungen . . . . . 67
2. Bei Rindenbrand . . . . . 68
3. Bei Zopftrocknis . . . . . 68
4. Bei Schmarotzerpilzen . . . . . 68
5. Bei Verwesung . . . . . 69
6. Grade der Verkienung . . . . . 69

**III. Einfluß des Harzes auf die physikalischen Eigenschaften des Holzes.**

Dauer . . . . . 70
Schwere und Härte . . . . . 73
Schwindeprozent, Brennkraft, Farbe, Elastizität . . . . . 74
Spaltbarkeit und Geruch . . . . . 75

**IV. Physiologische Bedeutung des Harzes.**

Harz als Abspaltungsprodukt bei der Bildung des Coniferin . . . . . 76
Harz als Antisepticum . . . . . 78
Spontaner Harzerguß, Ausfluß bei Verletzung . . . . . 78

**V. Gewinnung des Harzes** . . . . . 81

Theoretisch nutzbare Harzmenge des stehenden Baumes . . . . . 82
Bei der praktischen Nutzung erzielte Harzmenge . . . . . 83
Unterschied im Harzgehalte bei geharzten und nicht geharzten Kiefern (Pinus australis) . . . . . 84
Methoden der Harzgewinnung . . . . . 86
Neues Harzungsverfahren . . . . . 87
Kienbildung bei der Harznutzung . . . . . 89
Ausscheidungen der Zuckerkiefern . . . . . 89
Harznutzung bei der Lärche, Fichte, Rothkiefer und Tanne . . . . . 90
Harznutzung bei der Douglastanne . . . . . 91

**VI. Fossile Harze.**

Bernstein . . . . . 92
Fichtelit . . . . . 93

**VII. Erklärung der Figurentafeln I und II** . . . . . 95 u. 96

# I.

## Bildung und Eigenschaften des Harzes.

Nach der herrschenden Ansicht entsteht das Terpentinöl und Harz in unseren Nadelwaldbäumen aus dem Glukoside Coniferin. Es fehlt jedoch nicht an Thatsachen, welche es in hohem Grade wahrscheinlich machen, daß das Terpentinöl in der Pflanze nicht aus dem Coniferin bereitet wird, sondern daß es gleichzeitig und neben dem Coniferin aus dem Stärkemehl, beziehungsweise aus einem Glukoside als ein Abspaltungsprodukt gebildet wird.

Eine weitere Angabe in der Literatur sagt, daß durch rein chemische Vorgänge in den Zellwandungen abgestorbener Holzpartien, wie des Kernholzes unserer Nadelhölzer, Holzsubstanz (Cellulose und Lignin) in Harz umgewandelt werden könnte (Entstehung der Harzgallen, Resinosis). Es ist nur zu verwundern, daß auf Grund dieser Ansicht nicht längst versucht wurde auf künstlichem Wege aus Holz Harz zu erzeugen. Ich bin der Meinung, daß ein Experiment nach dieser Richtung hin stets mißlingen muß, weil die Voraussetzung falsch ist. Eine Umwandlung von Zellstoff in Harz wäre nach meiner Auffassung nur dann denkbar, wenn es gelänge, die Cellulose zuerst in ein Glukosid — Holz in Brod — umzuwandeln, aus welchem dann Coniferin dargestellt werden könnte, wobei als Nebenprodukt Harz sich ergäbe. Hierzu aber reicht die Chemie nicht aus. Nur das lebende Protoplasma ist im Stande Rückbildungen von Cellulose in Glukoside zu bewerkstelligen, wie bei der Keimung holziger Sämereien, z. B. bei Palmsamen. Daß aber in den todten Zellen (Kernholz der Nadelbäume) Harz aus Cellulose entstehe, ist nur eine Vermuthung, die einer genauen mikroskopisch-chemisch-anatomischen Forschung nicht Stand hält.

Nicht weniger unzuverlässig sind die Angaben unserer forstlichen, botanischen und chemischen Literatur, was Zeit und Ort des Harzbildungsprozesses in den Nadelbäumen betrifft. Nachdem man einmal den Satz aufgestellt hatte, daß Harz aus Holzmasse entstehen könnte, war die Möglichkeit der Harzbildung in jedem Alter der Holzwand und damit auch an jedem Orte des Stamminnern zugegeben. Allein in Folge der aktiven Betheiligung des Plama's ist jegliche Entstehung von Harz im Kerne unserer Nadelbäume vorweg ausgeschlossen. Aber selbst im Splintholze ist es wiederum nur der eben werdende Jahrring, in welchem das Harz in größerer Menge entsteht und durch ein lückenloses Gewebe im Momente der Entstehung isolirt wird.

Um den Lesern zu zeigen, welchen Standpunkt die chemische Forschung heutzutage in dieser Frage einnimmt, habe ich Herrn Privatdozenten Dr. Löw um gütige Mittheilung hierüber gebeten. In den folgenden Zeilen gebe ich seine Abhandlung wieder, wobei ich dem Verfasser für seine Mühewaltung meinen Dank ausspreche.

„Die Frage nach der Bildung des Terpentinöles und des Harzes in den Koniferen ist bis heute noch nicht befriedigend gelöst; sie fällt zusammen mit der Frage nach der Bildung der Benzolderivate überhaupt. In letzter Instanz liefern zwar die Kohlehydrate, speziell die Glukose, das nöthige Material, aber stets wird eine Reihe von intermediären Vorgängen stattfinden, welche eben unserer Kenntniß noch verschlossen sind. Bis heute ist es der Chemie noch nicht gelungen, Glukose glatt in ein Benzolderivat überzuführen, nur geringe Mengen von Brenzkatechin hat man durch Behandlung mit Laugen daraus erhalten. Dagegen ist man — freilich auf Wegen, welche die Pflanze nicht einschlägt — von manchen organischen Säuren, Aldehyden und Ketonen zu Körpern der Benzolreihe gelangt, so z. B. haben Pechmann und Cornelius die Citronensäure in Orcin, Baeyer Malonsäure in Phloroglucin, Claisen Acetessigaldehyd in Triacetylbenzol übergeführt. Von der Bernsteinsäure kann man zum Hydrochinon, von der Brenztraubensäure zur Uvitinsäure gelangen. Es ließen sich hier noch mehrere derartige Beispiele anführen.

Der Schluß, daß manche Körper der aromatischen Reihe aus Säuren stammen können, welche der Klasse der Methanderivate angehören, hat jedenfalls seine Berechtigung. Noch mehr Berücksichtigung verdient indeß die Ansicht, daß manche Benzolderivate aus Eiweißkörpern gebildet werden; denn diese sind überall, organische Säuren aber nicht immer anzutreffen. Die Umstände, unter denen Eiweißkörper zum Zerfall kommen, treten häufig in Wirksamkeit. Wir wissen z. B., daß ein in Pflanzen und Thieren verbreitetes Ferment, das Trypsin oder die Peptase bei der Keimung eine große Rolle spielt, und daß die Eiweißstoffe bei der Spaltung durch dieses Ferment unter Anderem zwei Körper aus der aromatischen Reihe liefern, nämlich Tyrosin und Phenylamidopropionsäure, welche beide eine dreigliedrige Seitenkette haben. Nun haben aber merkwürdiger Weise eine größere Anzahl der in den Pflanzen vorkommenden Benzolderivate ebenfalls eine dreigliedrige Seitenkette; während zwei-, vier-, fünfgliedrige Seitenketten äußerst selten angetroffen werden.

Dieser auffallende Umstand hat meines Wissens bis jetzt keine Beachtung gefunden. Die dreigliedrige Seitenkette steht entweder in engster Beziehung zum Propyl oder Isopropyl oder Allyl oder Propenyl. Ich führe eine Anzahl der hierhergehörigen Körper an: Zimmtsäure (in den Ericineen, Zimmtrinde), Coniferylalkohol, Daphnetin, Apiol, Eugenol, Safrol, Asaron, Syringin, Skopoletin, Cumarin, Naringin, Hesperidin, Anethol, Kaffeesäure,

Ferulasäure, Melilotsäure, Umbelliferon, Thymol, die Terpene, Absynthol, Carvacrol. Manche dieser Stoffe sind Glukoside. Die Allylgruppe ist z. B. enthalten in Apiol, Safrol, Eugenol, die damit isomere Propenylgruppe aber z. B. in Anethol, Isapiol.

Was nun die Frage nach den nächsten Vorläufern des Terpentinöles und des Harzes betrifft, so können von den in den Koniferen vorkommenden bekannten Stoffen nur das Coniferin und das Pinipikrin in Betracht kommen. Beide Körper sind Glukoside, ersteres ein solches des Coniferylalkohols, letzteres des Ericinols.

Es existiren ziemlich nahe Beziehungen zwischen der Konstitution des Coniferylalkohols und des Terpentinöls, wie aus den Formeln ersichtlich wird:

```
        C — OH                    CH — CH3
   HC /    \ C — O . CH3     HC /    \ CH2
     |      |                  |      |
   HC \    / CH              HC \    / CH
        C — C2H4OH                C — C3H7
   Coniferylalkohol.          Terpentinöl.
```

Beide Körper stehen ferner in naher Beziehung zum Eugenol und Cymol.

Coniferin ist in reichlicher Menge in dem Kambialsaft und Holzkörper enthalten, aber auffallender Weise sind Rinde, Mark und Harzgangzellen frei davon, weshalb nahe physiologische Beziehungen zwischen Terpentinöl und Coniferin doch fraglich werden.

Das Pinipikrin, ein gelber, amorpher, bitter schmeckender Körper, findet sich hauptsächlich in den Nadeln vor. Das durch Spaltung daraus entstehende Ericinol, ein Oel von aromatischem Geruch, unterscheidet sich vom Terpentinöl nur durch den Mehrgehalt von einem Atom Sauerstoff:

$C_{10}H_{16}O$ — Ericinol. $C_{10}H_{16}$ — Terpentinöl.

Um zu prüfen, ob außer diesen beiden Körpern noch andere Benzolderivate in den Koniferen sich finden, die möglicherweise dem Terpentinöl noch näher stehen, habe ich schon 1882 auf Wunsch des Herrn Dr. H. Mayr den Kambialsaft der Fichte einer Prüfung unterzogen. Das abgeschabte Kambium wurde ausgekocht und das Filtrat eingedampft, wobei Koniferin auskrystallisirte. Die Mutterlauge enthielt hauptsächlich Glukose und Gummi, ferner etwas Pinipikrin, denn beim Kochen mit Salzsäure wurde ein im Geruch an Ericinol erinnerndes Oel abgeschieden. Die Hauptmenge der Mutterlauge wurde mit Bleiessig gefällt und dieser Niederschlag sorgfältig auf aromatische Verbindungen untersucht, aber nichts gefunden, das in dieser Beziehung von Interesse wäre. Pepton war wenig, Asparagin nicht vorhanden, aber Bernsteinsäure, welche letzterem bekanntlich sehr nahe steht. Die Bernsteinsäure wurde aus dem Niederschlag nach Zersetzen mit Salzsäure mit Aether ausgeschüttelt und durch Schmelzpunktbestimmung, stechenden Geruch beim Erhitzen, Verhalten gegen Eisenchlorid nach dem Neutralisiren identifizirt.[1])

Die Frage nach den einzelnen Phasen der Bildung von Terpentinöl muß noch als eine offene betrachtet werden, ebenso wie diejenige nach der Bildung des Harzes. Die Meinung, daß das Kolophonium durch die Oxydation des Terpentinöles entstehe, ist nicht hinreichend bewiesen, obwohl es richtig ist, daß bei sehr langem Stehen des Terpentinöles an der Luft harzartige Stoffe entstehen.[2]) Ich beobachtete, daß ein aus einer Kiefer ausfließendes Harz durch Reduktion alkalischer Silberlösung eine Aldehydnatur verrieth und binnen 24 Stunden ganz fest wurde. Das läßt mich vermuthen, daß auch bei der Fichte neben dem Terpentinöl ein Aldehyd der aromatischen Reihe secernirt wird, welch' letzterer durch rasche Sauerstoffaufnahme in die Abietinsäure des Kolophoniums übergeht. O. Löw."

So weit Dr. Löw.

Die Zusammensetzung des Harzes ist nach Baumarten verschieden und im Baume selbst wiederum schwankend nach dem Orte, von dem es stammt. Entnimmt man dem frisch gefällten Stamme Harz aus der Rinde des Gipfels, durch Ausdrücken aus den Kanälen, und Harz aus Gallen der jüngsten Splintholzlage, so zeigt sich, daß beide völlig gleich konstituirt sind; dagegen ist Harz aus Gallen, welche schon dem Kernholze angehören, schwerer geworden. Einmal war ich in der glücklichen Lage, eine frisch gefällte Fichte, die zahlreiche große Harzgallen in allen Altersstadien des Holzes trug, in Stücke zerlegen zu können. Das gesammelte Harz zeigte:

Fichtenharz, aus dem jüngsten sich eben (August) bildenden Jahrringe aus einer prall mit Harz erfüllten Galle entnommen, hatte

| | |
|---|---|
| ein spezifisches Gewicht von . . . . . . . . . | 1,009, |
| aus einer Galle in der Uebergangszone vom Splint zu Kern . . . . . . . . . . . . . . . | 1,010, |
| aus einer Galle des äußeren, also jüngsten Kernholzes | 1,024, |
| aus einer Galle des innersten, vor etwa 100 Jahren gebildeten Kernes . . . . . . . . . . . . | 1,024, |
| nach dem Rösten ergab das feste Harz (Kolophonium) ein spezifisches Gewicht von . . . . . . . . | 1,094, |

Alter des Baumes 120 Jahre.

---

[1]) Die Bernsteinsäure ist nicht nur bei höher stehenden Pflanzen, sondern auch bei Pilzen weit verbreitet. Ich fand dieselbe ferner auch in Algen (Spirogyren). Ich habe nachgewiesen, daß sie in nicht unbedeutender Menge auch bei Oxydation von Eiweiß mit Kaliumpermanganat entsteht. (Journ. prakt. Chem. 81, 146.) O. L.

[2]) Als ich in einem sehr geräumigen locker verschlossenen Kolben ca. 50 ccm Terpentinöl 10 Jahre lang sich selbst überlassen hatte, war es noch nicht fest geworden. Es besaß die Konsistenz eines dicken Syrups, der nur zum Theil aus Harzsäuren bestand, wie die Behandlung mit Kalilauge ergab. O. L.

Das Harz der Kiefer, frisch aus dem Splint genommen, hat
ein spezifisches Gewicht von . . . . . . . . . 0,995,
an der Grenze von Splint und Kern . . . . . . . 1,017,
aus dem Kernholze . . . . . . . . . . . . . . 1,034.
Das Harz der Lärche aus dem Splint . . . . . . . . 1,007,
aus dem Kern . . . . . . . . . . . . . . . . 1,043.
Das Harz aus der Tannenrinde hat . . . . . . . . 0,985.

Daraus ergiebt sich folgende spezifische Gewichtsreihe des Harzes für die wichtigeren deutschen Nadelwaldbäume:

| | Fichte | Tanne | Kiefer | Lärche |
|---|---|---|---|---|
| Splint- und Rindenharz . . | 1,009 | 0,985 | 0,995 | 1,007 |
| Kernharz . . . . . . . . | 1,024 | — | 1,034 | 1,043 |
| Nach dem Rösten bei 100° C. | 1,004 | 1,056 | 1,073 | ? |

Demnach ist das Harz der Tanne am leichtesten, am dünnflüssigsten, dann kommt jenes der Kiefer; das Harz der Lärche ist am schwersten. Alle zusammen aber kommen in dem lebenden und wassergesättigten Gewebe der Rinde und des Splintholzes dem Gewichte des Wassers sehr nahe.

Wird frisches Tannenharz aus der Rinde des Baumes bei 100 bis 110° C. geröstet, so bleiben von 100 g frischem Harze 62,845 g festes Harz zurück.

Es entsprechen sonach 100 g des bei der Quantitätsanalyse gefundenen festen Harzes = 159,185 g des in der Rinde befindlichen Balsames.

Der Verhärtungs- (Oxydations-) Prozeß des innerhalb der Parenchymzellen der Markstrahlen sich findenden Harzes ist in Folge des mangelhaften Zutritts von Sauerstoff auch nach dem Uebergange des Holzes vom Splinte zum Kerne ein sehr langsamer. Rascher findet die Verhärtung an freier Luft statt, wobei jedoch ein Verlust durch Verdunstung von Terpentinöl das Gesammtergebniß etwas vermindert.

Es wurden 0,335 g frisches Tannenharz in offener Schale im Zimmer stehen gelassen; dabei sank in Folge von Abdampfung

| | | | | | | | | |
|---|---|---|---|---|---|---|---|---|
| nach | 6 Stunden | bereits | das | Gewicht | auf 0,303 g, | Substanz | wasserklar, | |
| " | 24 " | " | " | " | " 0,297 " | " | " | |
| " | 48 " | " | " | " | " 0,295 " | " | " | |
| " | 4 Tagen | " | " | " | " 0,291 " | " | " | |
| " | 6 " | " | " | " | " 0,288 " | " | " | |
| " | 156 " | " | " | " | " 0,287 " | " | " | |
| " | 300 " | " | " | " | " 0,286 " | " | " | |

dabei war erst die oberste Schichte erhärtet, die tieferen waren noch weich; nach 300 Tagen wurde die Masse geröstet, und es ergaben sich 77,010 g festes Harz auf 100 g frisches Harz; es war somit das Harz innerhalb nahezu eines Jahres um 14,16 % schwerer geworden.

Harz von demselben Baume, unter beschränktem Luftzutritt im verkorkten Glasgefäße gehalten, vermehrte die Menge an festem Harze innerhalb 165 Tagen um 3,58 %; Harz, unter Wasser aufbewahrt, vermehrte den Gehalt an festem Harze um 5,19 %; dabei ging das Harz theilweise mit den Elementen des Wassers eine Verbindung ein, es bildeten sich wasserklare Krystalle von Harzhydrat, welche beim Rösten verdampften unter Hinterlassung eines festen Rückstandes von Harz.

Das Harz der Fichte verhält sich wesentlich anders.

In 100 g des frischen Splintholz- und Rindenharzes sind
74,868 g festes Harz (durch Rösten bestimmt),
72,568 „ festes Harz, nach vorheriger Behandlung mit Alkohol;
es entsprechen also 100 g des bei der quantitativen Analyse gewonnenen festen Harzes = 137,804 g frischen Harzes = 136,571 ccm frischen Harzes.

100 g frisches Splintharz enthielten nach Stehenlassen in einer flachen Schale an freier Luft
nach 50 Tagen 86,833 g festes Harz,
„ 189 „ 92,857 „ „ „
das ist eine Zunahme um 17,99 %.

In 100 g des frisches Kernholzharzes sind
80,899 g festes Harz (durch Rösten bestimmt),
79,888 „ festes Harz, nach vorheriger Behandlung mit Alkohol;
es entsprechen demnach 100 g des bei der Analyse gefundenen festen Harzes = 125,174 g frischen Harzes und 122,237 ccm frischen Harzes.

Das Kernholzharz zeigte beim Stehen an freier Luft nach 50 Tagen noch keine Abnahme an Gewicht; nach 215 Tagen fand eine kleine Abnahme, nach 356 Tagen aber eine Zunahme gegen das ursprüngliche Gewicht statt; als Gehalt an festem Harze wurden nun 86,60 g und damit eine Zunahme von 5,70 % ermittelt.

Das frische Splintharz der Kiefer enthält in 100 g
69,478 g festes Harz (durch Rösten bestimmt),
69,087 „ festes Harz, nach vorherigem Kochen mit Alkohol;
es entsprechen demnach 100 g der bei der quantitativen Analyse erhaltenen festen Harzmasse = 144,760 g frischen Harzes = 145,487 ccm frischen Harzes.

1,702 g frischen Harzes wogen bei Aufbewahrung in offener Schale
nach 24 Stunden 1,449 g (wasserklar),
„ 100 Tagen 1,240 „ (krystallinisch gelb);
durch Rösten ergaben sich pro 100 g frisches Harz = 70,682 g festes Harz, also eine Zunahme um nur 1,204 %; offenbar ist bei dem flüchtigeren Kiefernharz die Verdampfung des Terpentinöles eine viel reichlichere als bei der Fichte.

Frisches Kernharz der Kiefer erhält in 100 g

75,586 g feste Substanz (durch Rösten bestimmt),

74,500 = feste Substanz, nach Behandlung mit Alkohol;

es entsprechen somit 100 g des bei der quantitativen Analyse gefundenen festen Harzes = 134,230 g frisches Harz = 129,787 ccm frisches Harz.

Das frische Splintharz der Weymouthskiefer enthält in 100 g

61,702 g feste Masse (durch Rösten bestimmt).

Das frische Kernharz der Lärche besitzt in 100 g

79,327 g feste Masse (durch Rösten bestimmt),

78,610 = feste Masse, nach vorheriger Behandlung mit Alkohol;

es entsprechen demnach 100 g des bei der quantitativen Analyse gefundenen festen Harzes = 127,211 g frischen Harzes = 126,325 ccm frischen Harzes.

0,686 g frisches Harz zeigten, in flacher Schale aufbewahrt,

| | | | | | |
|---|---|---|---|---|---|
| nach | 14 Stunden | ein | Gewicht | von | 0,683 g |
| = | 3 Tagen | = | = | = | 0,666 = |
| = | 61 = | = | = | = | 0,639 = |
| = | 163 = | = | = | = | 0,639 = |
| = | 205 = | = | = | = | 0,641 = |

Durch Rösten wurde nun der Gehalt an fester Masse zu 80,467 g pro 100 g der frischen Menge ermittelt, woraus sich eine Zunahme an fester Masse um 18,765 % ergiebt.

Der Uebersichtlichkeit halber gebe ich unten eine Tabelle des festen Harzes in 100 g frischer Harzmenge, durch Rösten erhalten:

| Holzart | Splint- bez. Rindenharz | Kernharz |
|---|---|---|
| Weymouthskiefer . | 61,702 | ? |
| Tanne . . . . . . | 62,845 | — |
| Kiefer . . . . . | 69,478 | 75,586 |
| Fichte . . . . . | 74,868 | 80,899 |
| Lärche . . . . . | ? | 79,327 |
| P. rigida . . . . | 64,150 | ? |

Aus obigen Untersuchungen geht hervor, daß die verschiedenen Nadelhölzer ein verschiedenes Gemenge von harten und dünnflüssigen Harzen produziren, daß der Verhärtungsprozeß des flüssigen in festes Harz innerhalb des Baumes nur sehr langsam vor sich geht und daß er nach einiger Zeit überhaupt zum Stillstande geräth. Die von der Praxis bei allen Nadelhölzern erhoffte Harzbereicherung des Kernes bei zunehmendem Alter ist im Allgemeinen richtig; sie ist jedoch nur eine relative, in dem nur die bereits im Splinte vorhandene Menge dünnflüssigen Harzes allmählich und sehr langsam und in sehr geringem Maße zu festem Harze erstarrt.

Die Versuche, frisches Harz an freier Luft stehen zu lassen, zeigen, daß bei den verschiedenen Nadelhölzern nach der Fällung und Zerlegung des Baumes nachträglich noch eine verschiedene Menge festen Harzes aus dünnflüssigem erstarrt, während gleichzeitig eine Menge des dünnflüssigen Harzes abdampft. Bei der Kiefer ist die Zunahme an festem Harze nach der Fällung am geringsten, bei der Lärche am größten.

Die Ergebnisse zahlreicher mikroskopischer und mikrochemischer Untersuchungen des Holzes und Harzes der Nadelwaldbäume veranlassen mich, für die Bildung, Ausscheidung und Vertheilung des Harzes bei den Abietineen (altes Linné'sches Genus Pinus) folgende 12 Sätze aufzustellen:

1. Nur in unsichtbarer, also in molekularer bezw. mizellarer Form im Plasma befindliches Harz kann in einen Zwischenzellraum ausgeschieden werden; dabei ist

2. Die Zellwandung nur solange permeabel für Harz, als sie im Wachsthumsprozesse begriffen ist; es sind daher

3. alle, einmal dem Dauergewebe des Holzes angehörigen Harzgangzellen, nicht Harz abscheidende Epithelzellen, sondern theils Speicherungszellen wie andere Parenchymzellen (in diesem Falle sind sie zugleich verdickt), theils Folgemeristemzellen (dünnwandig), die erst nach einer Reihe von Jahren in Dauerzellen übergehen; daraus ergiebt sich, daß eine Ausscheidung von Harz in die Kanäle nur im ersten Jahre der Bildung des den Kanal führenden Jahrringes stattfinden kann.

4. Fertige Zellwandung, ob verholzt oder nicht, ob verdickt oder nicht, kann von Harz nicht passirt oder imprägnirt werden, solange die betreffende Wandung mit Wasser gesättigt ist; da im lebenden Baume sowohl Splint- als Kernholzwandungen stets mit Wasser gesättigt sind, so sind

5. alle Zellwandungen und Zellumina des normalen Holzes im lebenden Baume stets frei von Harz.

6. Alle Harz führenden Räume sind durch ein lückenlos aneinander schließendes Zellgewebe begrenzt und dadurch von dem übrigen Holz- oder Rindengewebe vollständig isolirt. Die Harzräume sind in sich abgeschlossen und münden am unverletzten Baume nirgends frei nach Außen.

7. Es giebt daher keine spontane Ausscheidung von Harz nach Außen; jeder Harzerguß ist pathologisch; wo primo aspectu spontaner Harzausfluß vorzuliegen scheint, wie an den Knospen verschiedener Nadelhölzer, da zeigt eine genaue Untersuchung, daß es sich um Ausscheidung in einen Zwischenzellraum oder um Vertrocknungs-Erscheinungen, in letzterem Falle also um pathologische Vorgänge handelt.

8. Alle Harzgänge des Holzes stehen unter einander in Verbindung, da die horizontalen stets aus vertikalen entspringen; ist die Ursprungstelle mit dem betreffenden Jahresringe Kernholz geworden, so wird die Verbindung da bewerkstelligt, wo gelegentlich horizontale und vertikale Gänge sich begegnen.

9. Beim Uebergang vom Splint zum Kernholze werden die Harzgänge durch Füllzellen (Thyllen) verstopft, so daß eine nachträgliche Einwanderung von Harz aus dem Splinte in den Kern, sowie umgekehrt (bei der Harznutzung) unmöglich ist.

10. Das Harz dürfte ein Abspaltungsprodukt bei der Bildung von Koniferin, eines den Harze führenden Nadelhölzern vorzugsweise zukommenden Körpers sein; das Harz entsteht nicht aus dem Koniferin, sondern neben demselben; als Rohstoffe für die Bildung des Koniferin bezw. Harzes ist die Stärke zu betrachten.

11. Weder auf normalem noch auf pathologischem Wege (durch chemische Zersetzung oder durch Fermentwirkung von Pilzen) findet eine Umwandlung von Koniferin oder Lignin oder Cellulose, also von den Bestandtheilen der Zellwandung in Harz statt.

12. Tritt durch mechanisch-pathologische Vorgänge (Verwundung, Durchlöcherung durch Pilze oder Insekten) eine allmähliche Verminderung des Wassergehaltes der Zellwandung ein, so wandert das Harz theilweise an Stelle des Wassers in die Wandung ein und kann, durch Zufluß aus unverletzt und deshalb turgeszent gebliebenen, benachbarten Holzpartien, auch das Lumen der Zellen erfüllen (Verkienung, Harzfluß). Verbleibt frisches Holz im Boden, wie z. B. die Stöcke der gefällten Stämme, so wird durch den Einfluß des Wassers das Harz allmählich nach dem Innern des Stockes zugetrieben (Speckkien). Unter geeigneten Verhältnissen (z. B. bei Vermoderung von Wurzelstöcken in stagnirendem Wasser, im Moor- oder Loh-Boden) tritt das Harz in Spalten des verfaulenden Holzes als Harzhydrat in Krystallform aus — Entstehung des Fichtelites, eines fossilen Harzes.

Obige Sätze, welche theils völlig neu sind, theils mit den bestehenden Ansichten über Bildung und Vertheilung des Harzes in Widerspruch stehen, gründen sich auf folgende Beobachtungen:

Als empfindlichstes Reagens auf Harz hat sich 1procentige Ueberosmiumsäure ($OsO_4$) erwiesen, da diese mit großer Leichtigkeit die Zellwandung durchdringt und das Harz im Innern der Zelle goldbraun färbt. Die von Müller empfohlene Alkannatinktur färbt nur sehr langsam und meist nur freiliegende Harzmassen in aufgeschnittenen Zellen oder Kanälen roth. Daß aber beim Schneiden durch das Messer Harz mit größter Leichtigkeit in Zellen gebracht wird, in denen es zuvor ganz und gar nicht vorkommt, ist selbstverständlich; derartige Bilder haben zu irrigen Beobachtungen und Folgerungen, die noch heute von der Literatur festgehalten werden, Anlaß gegeben.

Behandelt man in statu nascenti befindliche Harzgänge, also die Gänge des eben sich bildenden Triebes oder Jahrringes mit Ueberosmiumsäure, so zeigt sich einmal, daß der Kanal selbst von dem ersten Beginn der Zwischenzellraumbildung an mit Harz so erfüllt ist, daß dieses in einem Zustande der Spannung sich befindet, dann, daß der Inhalt der Auskleidungszellen des Kanales keine Spur von tropfbarflüssigem, sichtbarem Harze enthält; ebensowenig ist Stärkemehl nachweisbar. Die ersten Spuren von sichtbarem Harze innerhalb der Kanalzellen treten in dem Augenblicke auf, in dem der Harzgang sein definitives Lumen erreicht hat, also für weitere Aufnahmen von Harz nicht mehr fähig ist. Dieser Zeitpunkt markirt zugleich den Beginn der Wandverdickung einzelner Harzgangzellen und der benachbarten Holzzellen überhaupt — Ende Juli in den wärmeren Lagen der Fichten- und Tannenzone mit Jahresisotherme 7°. Bald darauf kann man in den Parenchym- und Kanalzellen auch die ersten Spuren von Stärkemehl in sehr feinen Körnchen nachweisen. Von dem ersten Auftreten des Harzes in winzigen Tropfen im Plasma der Zellen an verschwindet es nie wiederum aus den betr. Zellen, mögen diese dick- oder dünnwandige Gangzellen oder sonstige Parenchymzellen des Holzes oder der Rinde sein; es steigert sich vielmehr alljährlich die Zahl und Größe der Harztropfen in den Zellen, wobei jedoch der Zellkern von einer harzlosen Plasmaschicht umgeben ist, die allmählich mit dem Alter der Zelle abnimmt.

Anders verhält sich das Stärkemehl; in den Auskleidungszellen der Kanäle sind die Körner zwar zahlreich aber nur halb so groß, als in den übrigen Parenchymzellen; während das Stärkemehl aus den Parenchymzellen der Rinde während des Frühjahres und Sommers nicht verschwindet, wird es aus denen der letzten 2 bis 3 Holzlagen alljährlich bei Beginn der Vegetation wieder aufgelöst und verbraucht, im Spätsommer aber wieder neu gebildet. Die Auflösung des Stärkemehls erfolgt am erwachsenen Stamme in allen Theilen gleichzeitig, wie auch das Austreiben der Knospen und der äußersten Wurzelspitzen ein gleichzeitiges ist. Vom vierten Jahre an erfolgt keine alljährliche Auflösung mehr, wohl aber nimmt die Stärkemenge nach Innen, also mit dem Aelterwerden der Holzlagen ab, bis etwa 2 bis 3 Jahresringe vor der sichtbaren Grenze von Splint und Kern die Stärkekörner mit dem plasmatischen Inhalte verschwinden, so daß nur noch Harz in den Parenchymzellen zurückbleibt, das theils zu größeren Klumpen zusammenfließt, theils als Beleg sich an die Wandung anlegt, wo es während des ganzen Lebens des Baumes verbleibt.

Im normalen Zustande, der natürlich die Regel für alle Harz führenden Nadelhölzer ist, verliert das Holz bei seinem Uebergange vom Splint zum

Kern seinen gesammten, im Innern der Zelle vorhandenen Gehalt an freiem Wasser, während die Wandung selbst gar nichts an Wasser einbüßt, sondern nach wie vor der Kernholzbildung das ganze Leben des Baumes hindurch mit Wasser gesättigt bleibt. Die Holzwandung ist ein hygroskopischer Körper, der, wenn einmal trocken, allmählich aus einer mit Wasserdampf gesättigten Luft soviel Wasser anzieht, bis er selbst mit Wasser gesättigt ist. Da aber die Luft im Innern des Baumes stets mit Feuchtigkeit gesättigt, das Kernholz des Baumes allseits von einem völlig geschlossenen breiten Wassermantel (Splintholz, Kambium) umgeben ist, so ist eine Austrocknung der Kernholzwandungen überhaupt unmöglich. Nur da, wo durch mechanisch-pathologische Einflüsse (Astbrüche, Insekten, Pilzparasiten 2c.) der Wassermantel durchbrochen wurde, kann trockenere, atmosphärische Luft eintreten. Von da an findet dann eine langsame Austrocknung der Holzwände auf einige Entfernung im Stamme und damit auch eine Einwanderung des Harzes in die Wandung statt. Während das Querparenchym des Holzes und der Rinde (Markstrahlen) vorzugsweise Stärkemehl und Harz in sich aufspeichern, scheint das Längsparenchym der Rinde dazu bestimmt zu sein, den Gerbstoff zu akkumuliren; man findet nämlich im Längsparenchym der Fichte nur selten, in dem der Kiefer gar nie Harztropfen, wohl aber reichlich Gerbstoff. Während Stärke und Harz in dem Plasma ein und derselben Zelle vorkommen, fehlt Harz den Gerbstoffzellen stets. Solche Zellen finden sich einzeln auch in den Markstrahlen des Holzes der Lärche und Tanne; sie bilden dann auch im Holze kein Harz.

Für die übrigen oben ausgesprochenen Sätze soll die Beweisführung in den folgenden Abschnitten, um Wiederholungen zu vermeiden, geschehen.

---

II.

# Vertheilung des Harzes.

## A. Anatomische Verhältnisse.

Weniger schwierig als die Lösung der chemisch-physiologischen Frage der Bildung des Harzes ist jene, wann und wo entsteht das Harz in unseren Nadelbäumen, da hierauf ein ungleich leichterer Zweig der wissenschaftlichen Botanik, nämlich die Anatomie antwortet. De Bary trennt nach der Art der Entstehung die Sekretbehälter in schizogene, wenn sie durch Trennung bleibender Gewebselemente entstanden sind, also Räume zwischen den Zellen darstellen, in lysigene, wenn sie durch Auflösung von Zellen oder Zellgruppen entstanden sind, die wieder von bleibenden Zellgruppen umschlossen sind, und in rhexigene, wenn sie einer mechanischen Zerreißung der Gewebe ihren Ursprung verdanken. Diese Eintheilung ist jedoch nicht mit Rücksicht auf die wichtigsten sekretliefernden Pflanzen, nämlich unsere Nadelbäume, getroffen; für diese paßt vielleicht folgende Eintheilung:

1. Harzschläuche oder Harzzellen, analog den Gerbstoff- oder Krystallschläuchen.

2. Schizogene Harzbehälter; das Harz sammelt sich zwischen den Zellen, in Intercellularen an; diese beiden Arten können als die normalen Harzräume bezeichnet werden.

(Lysigene, also durch Auflösung von Zellwänden entstandene Harzräume, giebt es bei den Abietineen nicht.)

3. Die rhexigenen Harzräume (Harzgallen und Harzrisse) sind bei den Abietineen stets pathologisch und abnorm.

Je nach der äußeren Form, in der sich Harzbehälter dem freien Auge darstellen, spricht man von Harzgängen oder -Kanälen, Harzlücken, Harzgallen; um nun in möglichster Kürze die gleichen Verhältnisse der Harzvertheilung bei den verschiedenen Holzarten in gleichen Rubriken unterzubringen, habe ich folgendes Schema der Harzvertheilung entworfen. Im Anhalt daran, sollen die wichtigsten Abietineen kurz besprochen werden.

1. Harzhaare; die Kopfzellen von Haaren der jüngsten Triebe produziren Harz, das sich zwischen Cuticula und Kopfzelle ansammelt (intercuticulare Ausscheidung).

2. Harzzellen, Harzschläuche; das Harz verbleibt innerhalb der es bildenden Zelle (intocellulare Ausscheidung).

3. Harzgänge, lang gestreckte, von Harz erfüllte Räume; das Harz verläßt in statu nascenti des Kanales und der Zelle selbst die letztere,

um in Gängen zwischen den Zellen sich anzuhäufen (intercellulare Ausscheidung); man unterscheidet im Baume a) ein äußeres Gangsystem, der primären Rinde und ihren Anhängseln (den Nadeln) angehörig und b) ein inneres Gangsystem, das die vertikalen Gänge des Holzkörpers und die horizontalen des Holzes und der Rinde in sich begreift. Werden die Gangendigungen in der Rinde ganz oder theilweise von ihrem Zusammenhang mit dem horizontalen Kanale abgetrennt und wachsen solche Stücke dann selbstständig weiter, so hat man derlei kugelige Räume als „Harzlücken und Harzbeulen" bezeichnet.

4. Harzgallen; das Harz fließt in Folge von Druckdifferenzen in dem Splintgewebe in das Cambium aus, wo es durch Wundparenchym isolirt wird (intocambiale pathologische Ausscheidung).

5. Harzrisse; mit Harz sich füllende Kernrisse sind wie die Harzgallen pathologisch; diese, wie die abnorm auftretenden Harzgänge sollen sub b) „Aborme Harzbehälter" behandelt werden.

### a) Normale Harzbehälter.

1. Harzdrüsenhaare (hierzu Fig. 7 der beigegebenen Tafel II) habe ich unter den europäischen Nadelhölzern nur bei der Fichte (Picea excelsa) gefunden. Haare an und für sich sind bei allen Abietineen bekannt: aber nur die Fichte besitzt Haare, welche in der angeschwollenen Endzelle Harz produziren, also Drüsenhaare sind. Aber auch von den untersuchten Fichten besitzt nur etwa die Hälfte diese Eigenthümlichkeit, oft aber dann so reichlich, daß man solche junge Triebe „wollig" oder „drüsig" nennen könnte. Die Haare sind dadurch entstanden, daß eine Epidermiszelle sich mehrfach durch Horizontalwände theilt; das obere Ende ist entweder einfach spitz (gewöhnliches Haar) oder kugelig; in dem letzten Falle scheidet sich, so lange die Zelle im Wachsthume begriffen ist, Harz zwischen der Zelle und deren Cuticula aus; durch allmähliche Vermehrung des Harzes wird die zarte Cuticula emporgehoben und kugelig oder mützenförmig von dem wasserklaren Harze gespannt. Die Funktion dieses Drüsenhaares ist eine nur sehr kurze, indem schon Ende Juni zuerst an der Basis der sich bildenden Triebe durch Korkbildung die Epidermis und mit ihr die Haare zum Absterben gebracht werden, was sich dem freien Auge durch eine trübweiße Färbung des Triebes bemerkbar macht. Auch durch Wind und Regen platzt das zarte Häutchen und ergießt sich das Harz, das an den benachbarten Haaren hängen bleibt.

2. Bei den Harzzellen, Harzschläuchen verbleibt das Harz, das von dem Plasma ausgeschieden wird, in der Zelle selbst. Diese Art der Harzbildung ist bei allen Abietineen verbreitet und die häufigste; jene Nadelhölzer, wie die Tannen und Tsugen, die keine Harzgänge besitzen, verdanken ihren ganzen Harzgehalt diesen Harzzellen. Als Harzzellen erscheinen sämmtliche Parenchymzellen im Holze und sämmtliche Querparenchymzellen in der Rinde der Abietineen. Die größte Menge der Parenchymzellen im Holze sind

bei den Abietineen Markstrahlzellen. Harzführendes Längsparenchym im Holze begleitet nur die spärlichen Gefäße im einjährigen Triebe an der Uebergangsregion vom Marke zum Holze, begleitet die vertikalen Harzgänge, wo diese überhaupt normal auftreten, wie bei der Fichte, Kiefer und Lärche, und auch da, wo die Harzgänge pathologisch sind, wie bei den Tannen und Tsugen, findet sich endlich in ziemlicher Menge als letzte Zelle der Jahresringe bei den Tannen und Tsugen. Hierher zählen auch die Auskleidungszellen der Harzgänge selbst, gleichgültig, ob dieselben wie bei allen Kiefernarten durchaus dünnwandig oder wie bei Fichten und Lärchen dünn- und dickwandig sind.

Hierher gehören auch die Phellodermzellen der Rinde, das Hypoderm der Kiefernnadeln, die Schließzellen der Spaltöffnungen, während alle Epidermiszellen von Harz völlig frei bleiben.

In allen diesen Zellen beginnt das Auftreten von Harz im Inneren des Plasmas in Form von winzigen, stark lichtbrechenden Pünktchen, sobald die Zelle ihre definitive Größe erreicht hat; wenn die Wandung eine Verdickung erfährt, fällt der Beginn dieses letzteren Prozesses mit dem Beginne der sichtbaren Harzbildung zusammen. In den neu sich bildenden Markstrahlzellen des Holzkörpers bemerkt man bereits Ende Juli Harz in kleinen Tropfen; mit dem Aelterwerden der Zelle steigert sich der Harzgehalt. Ehe der betreffende Markstrahl mit dem umliegenden Holze Kernholz wird, wandern Plasma und Stärke, und das Harz bleibt zurück; gelegentlich finden sich auch Markstrahlzellen, in denen der gesammte Stärkmehlgehalt zurückbleibt.

Von dem Beginne der Verkernung an verändert sich das Harz in den Zellen nur noch insoweit, als es an festen Bestandtheilen allmählich bis zu einer bestimmten Menge zunimmt; neues Harz tritt aber in den Zellen während des ganzen Lebens im Kern nicht mehr hinzu; die Quantität des Harzes ist mit dem Beginne der Verkernung abgeschlossen, die Qualität allein verändert sich noch. So zeigt sich in der That in den Parenchymzellen des jüngsten und des ältesten Kernholzes gleichviel Harz, wobei entgegen der herrschenden Ansicht hier noch hervorzuheben ist, daß während des ganzen Lebens des Baumes die Kernholzwandung von Wasser gesättigt, mithin harzfrei bleibt.

Das Absterben der Parenchymzellen (Markstrahlzellen) im Holze bei dem Uebergange von Splint in Kern beginnt von dem oberen und unteren Rande der Markstrahlen aus nach der Mitte des Strahles zu vordringend; ist dagen der Markstrahl ein sehr breiter, so beginnt der Entleerungsprozeß auch gleichzeitig in der mittleren Zellregion des Markstrahles; die dünnwandig gebliebenen Zellen der Harzgänge wachsen dabei, ehe sie ihren Inhalt verlieren, zu blasigen Zellen aus, welche den Kanal verstopfen (Thyllen). Fig. 6, Tafel I. Gleiches geschieht mit den Zellen der Rindengänge, wo diese von Korkschichten getroffen werden. Bei der Lärche und Kiefer finden sich in den Markstrahlen, insbesonders in solchen, welche Harzgänge tragen,

Zellen, welche kein Harz, wohl aber reichlich Gerbstoff führen; es liegt der Gedanke nahe, daß, da nur diese beiden Holzarten einen gefärbten Kern besitzen, die Bildung des Farbstoffes, des Dauerstoffes, gerade von diesen Zellen ausgeht; bei den Hölzern, welche einen Kern ohne Farb= beziehungsweise Dauerstoff besitzen, wie Fichten und Tannen, konnte ich keine solchen Gerbstoffschläuche unter den Markstrahlzellen finden.

Eine Untersuchung der Markstrahlzellen im Winter in der cambialen Region zeigt, daß der Stärkemehlgehalt im letzten Jahrringe gegen das Cambium zu abnimmt; die letzte Parenchymzelle des Markstrahles bleibt dünnwandig mit dichtem Plasma und deutlichem Zellkern ohne Spur von Harz, also Cambiumzelle. Liegt diese Zelle so, daß ihre kleinere Hälfte noch in das anschließende Sommerholz des fertigen Jahrringes fällt, dann bleibt sie in ihrer ganzen Ausdehnung eine dünnwandige Cambialzelle; liegt aber die letzte Parenchymzelle des Jahrringes so, daß ihr größerer Theil in das Sommerholz, ihr kleinerer in die Cambialregion fällt, so verdickt sich die Zelle in ihrem ganzen Umfange, sie springt also als dickwandige und verholzte Zelle in das Cambium vor und erst die an diese sich anschließende ist cambial.

Wenn ein Markstrahl einen vertikalen Harzgang durchsetzt, werden die den Markstrahl begleitenden Tracheiden ebenfalls zu Parenchymzellen.

Die Menge der Markstrahlzellen im Holzkörper ist eine sehr große. Da aber die Größenverhältnisse der Parenchymzellen der verschiedenen Nadelhölzer verschieden sind und da ferner die Verhältnisse der Parenchymzellen zu den Tracheiden in einem Markstrahle nach Holzarten und Baumtheilen wechseln, so giebt eine einfache Zahlenangabe von x Parenchymzellen auf z. B. 1 qmm Tangentalfläche so wenig einen richtigen Anhaltspunkt zur Beurtheilung der in einem gegebenen Volumen enthaltenen Parenchymzellmasse, wie eine Zahlangabe über x Markstrahlen in 1 qmm Tangentalfläche. Aus diesem Grunde habe ich aus einer größeren Anzahl von Baumsektionen auf Grund zahlreicher Messungen die Querschnittsgröße der Parenchymzellen ermittelt und dabei gefunden, daß die Schwankungen innerhalb ein und desselben Baumes nur gering sind; dieselbe beträgt bei einer im nördlichen Deutschland (bei Eberswalde),[1]) also in mildem Klima gewachsenen Kiefer . . . . . . . . . . . . . . 0,0004805 qmm
bei in kühlem Fichtelgebirgsklima gewachsener Kiefer . 0,0003696 =
= = = = = Tanne . . 0,0002159 =
= = = = = Fichte . . 0,0001878 =

Behufs weiterer Untersuchungen wurden nun für die einzelnen Sektionen die Parenchymzellen auf 1 qmm der Tangentalfläche abgezählt und ergab sich auf diese Weise, daß auf einer Tangentalfläche von 100 qmm die Parenchymzellen folgende Flächen in Quadratmillimetern einnehmen.

---

1) Durch Herrn Prof. Dr. Schwappach gütigst mitgetheilt.

## Tanne im Fichtelgebirge, 800 m über dem Meere.

Nordseite. Südseite.

| Sektion | Alter | Zahl der Horizontalkanäle qmm | Letzter Jahrring (N) | 100. Jahrring (N) | 60. Jahrring (N) | 20. Jahrring (N) | Letzter Jahrring (S) | 100. Jahrring (S) | 60. Jahrring (S) | 20. Jahrring (S) |
|---|---|---|---|---|---|---|---|---|---|---|
| I. | 156 | — | 6,398 | 5,981 | 7,262 | 5,044 | 5,858 | 4,486 | 6,408 | 6,183 |
| II. | 124 | — | 6,985 | 7,903 | 6,408 | 6,020 | 6,993 | 6,707 | 6,899 | 6,838 |
| III. | 91 | — | 7,782 | — | 8,649 | 10,222 | 8,125 | — | 8,942 | 10,484 |
| IV. | 40 | — | 7,868 | — | — | 10,327 | 9,960 | — | — | 11,008 |
| | | | Durchschnitt für äußere Holzlagen = 7,144 N | | Durchschnitt für innere Holzlagen = 7,705 N | | Durchschnitt für äußere Holzlagen = 7,022 S | | Durchschnitt für innere Holzlagen = 8,108 S | |

Durchschnitt für äußere Holzlagen = 6,088. Durchschnitt für innere Holzlagen = 7,906.
Durchschnitt für den ganzen Stamm = 7,830.

Untere und äußere Holzlagen enthalten in 1 Markstrahl durchschnittlich . . . . . . . . . . 10,6 Parenchymzellen
Untere und innere Holzlagen enthalten in 1 Markstrahl durchschnittlich . . . . . . . . . . 13,3 "
Obere und äußere Holzlagen enthalten in 1 Markstrahl durchschnittlich . . . . . . . . . . 11,8 "
Obere und innere Holzlagen enthalten in 1 Markstrahl durchschnittlich . . . . . . . . . . 12,1 "
Durchschnitt für die äußeren Holzlagen . 11,2
" " " inneren " . 12,7
" " den ganzen Stamm . 12,9 Parenchymzellen auf 1 Markstrahl.

Sämmtliche Markstrahlzellen sind Parenchymzellen.

Auf der Süd- und Nordhälfte des Stammes, in den äußeren und inneren Holzlagen treffen im Durchschnitt auf 1 qmm Tangentalfläche 27 Markstrahlen.

## Kiefer der norddeutschen Tiefebene.

Vor 10 Jahren gelichtet.

| Sektion | Alter | Zahl der Horizontalkanäle 1 qcm | Letzter Jahrring | 100. Jahrring | 60. Jahrring | 20. Jahrring |
|---|---|---|---|---|---|---|
| I. | 121 | 68 | 5,186 nach der Lichtung | 8,860 vor der Lichtung | 4,128 | 4,704 |
| II. | 86 | 57 | 5,828 | — | — | 4,800 |
| III. | 82 | 57 | 4,520 | — | — | 5,472 |
| | | | Durchschnitt für äußere Holzlagen = 4,836 | | Durchschnitt für innere Holzlagen = 4,776 | |

Durchschnitt für den ganzen Stamm = 4,806.

| | | |
|---|---|---|
| In den unteren und äußeren Holzlagen sind von den Markstrahlzellen . . . . . . . . . | 40,9 % | Parenchymzellen |
| In den unteren und inneren Holzlagen sind von den Markstrahlzellen . . . . . . . . . | 42,5 „ | „ |
| In den oberen und äußeren Holzlagen sind von den Markstrahlzellen . . . . . . . . . | 45,1 „ | „ |
| In den oberen und inneren Holzlagen sind von den Markstrahlzellen . . . . . . . . . | 48,8 „ | „ |
| Durchschnitt für die untere Stammhälfte | 41,7 „ | „ |
| „ „ „ obere „ | 47,0 „ | „ |
| „ „ den ganzen Stamm | 44,4 „ | „ |

Auf 1 Markstrahl treffen

| | | |
|---|---|---|
| in den unteren und äußeren Holzlagen | 3,7 | Parenchymzellen |
| „ „ „ „ inneren „ | 3,0 | „ |
| „ „ oberen „ äußeren „ | 4,0 | „ |
| „ „ „ „ inneren „ | 3,3 | „ |
| Durchschnitt für die untere Stammhälfte | 3,4 | „ |
| „ „ „ obere „ | 3,7 | „ |
| Durchschnitt für den ganzen Stamm | 3,6 | „ |

Auf die äußeren und inneren Holzlagen treffen im Durchschnitt auf 1 qmm 30 Markstrahlen.

**Kiefer des Fichtelgebirges, 700 m über dem Meere gewachsen.**

| | | Nordseite. | | | | | Südseite. | | | | |
|---|---|---|---|---|---|---|---|---|---|---|---|
| Sektion | Alter | Zahl der Horizontalkanäle 1 qcm | Letzter Jahrring | 100. Jahrring | 60. Jahrring | 20. Jahrring | Zahl der Horizontalkanäle 1 qcm | Letzter Jahrring | 100. Jahrring | 60. Jahrring | 20. Jahrring |
| I. | 148 | 66 | 3,071 | 2,960 | 3,700 | 3,787 | 68 | 3,787 | 3,182 | 3,084 | 3,996 |
| II. | 121 | 45 | 3,084 | 3,084 | 3,084 | 4,070 | 58 | 4,366 | 3,922 | 3,811 | 3,515 |
| III. | 100 | 60 | 3,515 | — | 3,515 | 3,922 | 68 | 3,515 | — | 3,700 | 3,626 |
| IV. | 69 | 60 | 4,255 | — | — | 4,366 | 60 | 4,699 | — | — | 4,786 |
| V. | 40 | 57 | 3,787 | — | — | 3,996 | 68 | 5,082 | — | — | 4,514 |
| | | | Durchschn. für äußere Holzlagen = 3,872 | | Durchschn. für innere Holzlagen = 3,801 | | | Durchschn. für äußere Holzlagen = 4,066 | | Durchschn. für innere Holzlagen = 3,991 | |

Durchschnitt für äußere Holzlagen = 3,650. Durchschnitt für innere Holzlagen = 3,829.
Durchschnitt für den ganzen Stamm = 3,774.

| | | |
|---|---|---|
| In den unteren und äußeren Holzlagen sind von den Markstrahlzellen . . . . . . . . . | 41,1 % | Parenchymzellen |
| In den unteren und inneren Holzlagen sind von den Markstrahlzellen . . . . . . . . . | 40,5 „ | „ |

In den oberen und äußeren Holzlagen sind von
den Markstrahlzellen . . . . . . . . . 37,7 % Parenchymzellen
In den oberen und inneren Holzlagen sind von
den Markstrahlzellen . . . . . . . . . 43,3 " "
Durchschnitt für die untere Stammhälfte 40,8 " "
" " " obere " 40,5 " "
" " den ganzen Stamm 40,7 " "

Auf 1 Markstrahl treffen
in den unteren und äußeren Holzlagen 2,7 Parenchymzellen
" " " " inneren " 2,6 "
" " oberen " äußeren " 3,2 "
" " " " inneren " 3,1 "
Durchschnitt für die untere Stammhälfte 2,7 "
" " " obere " 3,2 "
" " den ganzen Stamm 2,9 "

Auf die inneren Holzlagen treffen im Durchschnitt auf
1 qmm Tangentalfläche . . . . . . . . . . 36 Markstrahlen
Auf die äußeren Holzlagen treffen im Durchschnitt auf
1 qmm Tangentalfläche . . . . . . . . . . 33 "
Auf den ganzen Stamm treffen im Durchschnitt auf
1 qmm Tangentalfläche . . . . . . . . . . 35 "

Fichte des Fichtelgebirges, 800 m über dem Meere.

| Sektion | Alter | Nordseite: Zahl der Horizontalkanäle 1 qcm | Nordseite: Letzter Jahrring | Nordseite: 100. Jahrring | Nordseite: 60. Jahrring | Nordseite: 20. Jahrring | Südseite: Zahl der Horizontalkanäle 1 qcm | Südseite: Letzter Jahrring | Südseite: 100. Jahrring | Südseite: 60. Jahrring | Südseite: 20. Jahrring |
|---|---|---|---|---|---|---|---|---|---|---|---|
| I. | 148 | 50 | 2,829 | 2,878 | 4,182 | 5,484 | 58 | 8,248 | 8,625 | 8,925 | 4,876 |
| II. | 120 | 48 | 8,824 | 8,700 | 8,944 | 4,888 | 58 | 8,581 | 8,568 | 4,418 | 5,871 |
| III. | 80 | 47 | 8,756 | — | 4,075 | 5,146 | 60 | 4,225 | — | 4,801 | 5,296 |
| IV. | 86 | 60 | 4,182 | — | — | 5,409 | 110 | 5,465 | — | — | 6,160 |
| V. | 25 | 57 | 5,897 | — | — | — | 88 | 6,216 | — | — | — |
| | | | Durchschn. für äußere Holzlagen = 8,716 | | Durchschn. für innere Holzlagen = 4,725 | | | Durchschn. für äußere Holzlagen = 4,284 | | Durchschn. für innere Holzlagen = 4,884 | |

Durchschnitt für äußere Holzlagen = 8,999. Durchschnitt für innere Holzlagen = 4,796.
Durchschnitt für den ganzen Stamm = 4,896.

In den unteren und äußeren Holzlagen treffen auf
1 Markstrahl . . . . . . . . . . . . . . 6 Parenchymzellen
in den unteren und inneren Holzlagen treffen auf
1 Markstrahl . . . . . . . . . . . . . . 8,5 "

in den oberen und äußeren Holzlagen treffen auf
1 Markstrahl . . . . . . . . . . . . . . 6,5 Parenchymzellen
in den oberen und inneren Holzlagen treffen auf
1 Markstrahl . . . . . . . . . . . . . . 6,9 =
in der unteren Stammhälfte treffen auf 1 Markstrahl 7,3 =
= = oberen = = = 1 = 6,7 =
für den ganzen Stamm = = 1 = 7,0 =

74,9 % der Markstrahlzellen sind Parenchymzellen in den unteren und äußeren Holzlagen,
81,0 = der Markstrahlzellen sind Parenchymzellen in den unteren und inneren Holzlagen,
76,5 = der Markstrahlzellen sind Parenchymzellen in den oberen und äußeren Holzlagen,
77,5 = der Markstrahlzellen sind Parenchymzellen in den oberen und inneren Holzlagen,
77,6 = der Markstrahlzellen sind Parenchymzellen in der unteren Stammhälfte,
77,0 = = = = = = = oberen =
77,3 = = = = = = dem ganzen Stamme.

Auf die inneren und äußeren Holzlagen, sowie auf den ganzen Stamm treffen durchschnittlich 32 Markstrahlen auf 1 qmm.

Aus obigen Tabellen dürften sich folgende Ergebnisse ableiten lassen.

Der Gehalt an Markstrahlparenchym in einem gegebenen Volumen Holz ist bei gleichen klimatischen Bedingungen am größten bei der Tanne, am kleinsten bei der Kiefer, in der Mitte steht die Fichte; dies ist die Reihenfolge in dem kühlen Bergklima, in dem Tannen und Fichten ihr Optimum der Entwickelung finden. Im Optimalgebiet der Kiefer, in der Ebene, im warmen und wärmeren Hügellande, steigt die Markstrahlzellmasse so, daß sie hierin die Fichte übertrifft; die inneren Holzlagen enthalten mehr Markstrahlparenchym als die äußeren; die Holzlagen der oberen Baumsektionen mehr als die der unteren Sektionen, die Südseite mehr als die Nordseite; verbesserte Ernährung, wie Freistellung bedingt eine Steigerung der Parenchymzellmasse der Markstrahlen.

Während bei der Tanne alle Markstrahlzellen parenchymatisch sind, sind bei der Fichte durchschnittlich 77,3 % Parenchym, der Rest Tracheiden; bei der Kiefer sind durchschnittlich im kühleren Klima nur 40,7 %, im wärmeren 44,4 % der Markstrahlen Parenchym; dabei nimmt nach außen im Stamme die Zahl der Tracheiden, nach innen jene der Parenchyme zu. Bei der Tanne treffen im Durchschnitte auf ein Markstrahl 12,9 Parenchymzellen, die Zahl derselben steigt von außen nach innen und von unten nach oben.

Bei der Fichte treffen im Durchschnitte auf einen Markstrahl 7,0 Paremchymzellen, bei der Kiefer des Fichtelgebirges 2,9, bei der Kiefer der norddeutschen Ebene 3,6. Die Menge des bei den obigen Holzarten vorkommenden Längsparenchyms kann nur schätzungsweise angegeben werden.

Danach dürfte, entsprechend der Größe der Zellen und der Zahl der Harzgänge, die Kiefer am meisten Längsparenchym besitzen, dann kommt die Fichte, zuletzt die Tanne, die kein Längsparenchym als Geleitzellen für vertikale Harzgänge besitzt, da diese bei der Tanne überhaupt nur selten und dann pathologisch sind. Dagegen finden sich regelmäßig am Schlusse eines Jahrringes einige Längsparenchymzellen bei der Tanne. Unter Beiziehung des Längsparenchymes werden die Differenzen im Markstrahlparenchym wohl ausgeglichen, sodaß die Menge der Parenchymzellmasse überhaupt im Holze der untersuchten Nadelhölzer bei gleicher klimatischer Lage, gleichem Alter und gleicher Baumhöhe annähernd die gleiche ist.

Da alle Parenchymzellen im Holze der Nadelhölzer Harz bilden und in sich aufspeichern, so dürfte sich der weitere Schluß ergeben, daß auch die Menge des von den Parenchymzellen des Holzes stammenden Harzes bei allen Nadelhölzern pro Stamm (ceteris paribus) annähernd dieselbe ist, die bei der Quantitätsanalyse gefundenen Verschiedenheiten im Harzgehalte aber durch die Verschiedenheit in der Zahl und Größe der Harzgänge ihre Erklärung finden.

3. Harzgänge und Harzlücken. Harzgänge können nur dann entstehen, wenn das betreffende den Gang führende Gewebe im Bildungszustande sich befindet, die Harzgänge der Außenrinde entstehen nur bei der Bildung des Jahrtriebes, jene des Basttheiles und des Holzes nur während Bildung des Bastheiles resp. Holzes. An der Entstehung und Erweiterung der Harzgänge betheiligt sich das ausgeschiedene Harz nicht aktiv in der Art, daß es sich in der Längsrichtung der Zellorgane einen Weg im zartwandigen Gewebe bahnen würde; die Lostrennung der den zukünftigen Kanal bildenden Zellen und die Erweiterung des Kanallumens selbst ist eine rein passive und aus Spannungswirkungen der aus der cambialen in die definitive Größe übergehenden Zelle zu erklären (Fig. 5, Tafel I). Da der Radialdurchmesser einer Holzcambiumzelle auf das 10- bis 20fache ausgedehnt wird, bis die Zelle ihre endgültige Größe erreicht hat, so müssen Spannungen in den Tangental- und Radialwänden entstehen, deren Wirkung aber nur da eine Lostrennung sein kann, wo Harz secernirende Zellen aneinanderstoßen; es trennen sich dann die Wände zweier Harz ausscheidender Zellen in dem Augenblicke von einander, als das erste tropfbar flüssige Harz auf der Außenseite ihrer Wandungen erscheint. Eingehende Angaben über den Prozeß der Kanalbildung habe ich in meiner

Arbeit vom Jahre 1885, Botanisches Centralblatt, Separatabdruck, Seite 8 und 35 niedergelegt, worin auch eine Reihe von Eigenthümlichkeiten in der Ausbildung der Harzgänge im Holzkörper durch die passive Erweiterung der Kanäle zu erklären versucht wurde. Sobald das den Harzgang enthaltende Gewebe und damit auch die Kanäle selbst ihre definitive Größe erreicht haben, endet die Sekretion von Seite der das Ganglumen umschließenden Zellen, und diese selbst verhalten sich in ihrem Inhalte wie andere Parenchymzellen, behalten aber, soweit sie nicht verdicken, die Fähigkeit bei, auszuwachsen oder durch Theilung sich zu vermehren; ersterer Prozeß, das Auswachsen, findet statt im Holzkörper und in der Rinde, letzter Prozeß der Vermehrung nur in der Rinde und zwar nur dann, wenn in Folge des peripherischen Wachsthums in der Rinde ein Dilatation des Kanallumens eintritt, wobei die Auskleidungszellen sich theilen. Man muß annehmen, daß nur die neu entstehenden, auswachsenden Tochterzellen das für die Füllung des Kanallumens nöthige Harz liefern. Kommt innerhalb der Rinde ein Harzkanal zum Vertrocknen, indem eine Korkbildung ihn durchsetzt oder von der lebendgebliebenen tieferen Rinde ganz abtrennt (Borkenschuppen), so wachsen die Kanalzellen aus zu einem Füllgewebe (Thyllen), welche den Kanal verstopfen, genau so wie auch die dünnwandigen Zellen der Harzgänge im Holzkörper zu einem verstopfenden Füllgewebe auswachsen, wenn die betreffende Holzschichte aus dem Zustand des Splintes in den trockeneren Kernzustand übergeht. Diese Thyllen verhindern das Ausfließen des Harzes nach außen bei Abtrennung einer Borkenschuppe, im Holze verhindern sie, daß von dem turgeszenten Splinte aus Harz in den Kern eingepreßt wird.

*α*) Das äußere Harzgangsystem versinnbildet am besten Fig. 1 der beigegebenen Tafel I. Diese zeigt wie bei der Fichte zwei Harzgänge (roth) in der Nadel verlaufen (Nadelgänge); Unterbrechungen im Verlaufe und Gabelungen sind nicht ausgeschlossen. Die beiden Nadelkanäle setzen sich durch die Insertionsstelle der Nadel in die Rinde des Triebes fort, vertiefen sich in derselben bei ihrem Abwärtsverlaufe, um mit den in bestimmter Zahl auftretenden Hauptrindengängen (dicke, schwarze Linien) in Verbindung zu treten. Von den beiden Nadelgängen entspringen innerhalb der Außenrinde des Triebes einzelne Nebengänge (feine schwarze Linien), welche im Blattkissen blind endigen. Alle Kanäle entstehen im ersten Jahre der Trieb- bezw. der Nadelbildung, sind also protogen; eine, gerade für die Nebengänge behauptete hysterogene, also nachträgliche Bildung der Harzgänge besteht nicht. Die Hauptrindengänge treten in schwachen Trieben zu 8 und 13, an kräftigen zu 21 und 26 an der Zahl auf. Auf diese Weise können am Querschnitte eines sehr kräftigen Jahrestriebes der Fichte allein in der Außenrinde über 100 Harzkanäle gezählt werden, die alle streng gesetzmäßige Stellungen einnehmen (Fig. 2, Tafel I). In den folgenden Jahren wird aber durch das Dickenwachsthum des Triebes die Deutlichkeit des Bildes gestört, indem das Rindengewebe radial zusammengedrückt und damit die Harzgänge mehr in einen Kreis zusammengedrängt werden, wobei die Nebengänge von den Hauptgängen nur noch durch die Verschiedenheit im Lumen unterschieden werden können.

Alle Jahre bildet sich ein neuer Längstrieb und mit diesem ein neues System von Außenrindenkanälen, das auf dem Systeme des vorhergehenden Jahres-triebes ohne Verbindung mit demselben aufsitzt (Fig. 4, Tafel I). An Bäumen, die im schiefen Winkel nach oben strebende Aeste besitzen, wird die als feiner Querwulst der Rinde noch lange am Baume erkenntliche Jahresgrenze (a) allmählich zwischen den Quirlästen, die von den Laien aus praktischen Gründen als Jahresgrenzen betrachtet werden, scheinbar hinabgezogen; untersucht man nun zwischen den Quirlästen den Verlauf der Harzgänge, so besteht scheinbar eine Kommunikation zwischen den Harzgängen des Triebes ober- und den Harzgängen des Triebes unterhalb des Quirls. Die ganze Erscheinung erklärt sich jedoch als eine natürliche Folge des Einwachsens der im spitzen Winkel nach aufwärts gerichteten Quirläste. a und c (Markhöhle) sind die wahren Jahresgrenzen.

Was den Inhalt der Harzkanäle betrifft, so ist derselbe ein dünn-flüssiger Balsam; aber schon an einem 4jährigen Triebe einer erwachsenen Fichte zeigten an der Basis des Triebes nur ein Drittel der Kanäle dünn-flüssigen Inhalt, die übrigen hatten theils glashell erhärtetes Harz, theils hatten sie weißlichen Inhalt, theils waren sie durch eine ringförmige Kork-bildung gebräunt. Selbst an einem sich streckenden Triebe (9. Juli) erwiesen sich bereits einige Kanäle an der Basis des Triebes, welche zuerst fertig werden, auf dem Querschnitte weißlich gefärbt. Eine mikroskopische Unter-suchung ergab, daß die weiße Masse aus lauter Füllzellen (Thyllen) besteht, welche den Kanal verstopfen; innerhalb dieser Füllgewebe entsteht dann eine Korkschichte, durch welche die Füllzellen absterben und sich bräunen.

Die Borke der Rinde, welche eine Folge der inneren Korkbildung ist, greift schon bei ihrem ersten Auftreten im Fichtenstamme so tief ein, daß Harzgänge getroffen werden. Wo der Kanal von einer Korkschichte durch-schnitten wird, füllt sich zuerst das Lumen des Kanals mit Thyllen, welche für den entstehenden Kork gleichsam die Brücke von Kanalwand zu Kanal-wand darstellen. In diesen Füllgeweben können sogar neue Harzgänge, also Harzgänge innerhalb der Harzgänge auftreten, ein Vorgang, den ich 1885 l. c. abgebildet habe. Auch in den von der Korkschichte nicht direkt getroffenen, aber durch diese zum Vertrocknen gebrachten Partien der Kanäle findet eine Thyllenbildung statt, aber nur soweit, als hierzu das Harz Raum läßt. Das Auftreten der Borke wird beschleunigt durch rasche Verdunstung von Seite der Rinde; alle Faktoren, welche eine solche begünstigen, fördern das Auftreten der Borke am Schafte, z. B. Luftzug, direkte Insolation, Druck auf die Gewebe (die Stammrinde, da wo in die Dicke wachsende Aeste angesetzt sind), rasches Dickenwachsthum, Verwundung. An freistehenden Fichten beginnt die Borkenbildung auf der Südseite etwa im 7. Jahre, auf der Nordseite im 10. Jahre; im geschlossenen Bestande auf der Südseite im 13. Jahre; bei freistehenden Fichten mit kräftigem Dickenwachsthum ist am Querschnitte des 30jährigen Stammes kein Rindenharzgang mehr thätig. An unterdrückten Stämmen mit sehr kleinen Querschnitten erhalten sich auf der Nordseite Harzgänge bis zum 60. Lebensjahre thätig.

Bei einigen Exemplaren der Fichte sind sämmtliche Deckschuppen der Knospen mit Harz verklebt, bei anderen findet sich kaum eine Spur davon. In diesem Falle fehlt den trockenhäutigen Schuppen jeder Harzgang, dagegen besitzen die verharzten Knospen in ihren äußeren Schuppen, welche verkümmerte Nadeln darstellen, zwei große mit Harz erfüllte Gänge zu beiden Seiten der Mittelrippe, welche bei dem Vertrocknen der Schuppe ihren Inhalt nach außen ergießen und so die Knospe mit Harz überziehen.

Die männliche Blüthe der Fichte enthält in ihrem Axialtheile meist 13 bis 21 Harzgänge, die von der Basis bis zur Spitze verlaufen. Abzweigungen in die Staubfäden finden nicht statt. Ebenso trägt die Spindel des jungen Zapfens 21 Harzgänge, von der Basis bis zur Spitze verlaufend; rechts und links von jedem Kanale zweigen wieder je zwei Gänge in jede Braktee und je vier Gänge in jede Fruchtschuppe ab; im grünen Kegel der Winterknospen sind weder die Harzgänge der Nadel, noch der Rinde des kommenden Triebes bereits vorhanden. Dieser ganze Verlauf des äußeren Harzgangsystemes ist zugleich für die Gattung Picea typisch.

Unsere Tanne und mit ihr die ganze Gattung Abies verhält sich in allen angeführten Punkten genau so wie die Fichte. Während aber bei der Fichte die Nadeln auf einer sklerosirten (steinzelligen) Schichte aufsitzen, bildet das Insertionsgewebe der Tanne eine zwei bis drei Zellen starke Schichte von Krystallschläuchen, welche nur von den beiden Harzgängen und dem Gefäßbündel der Nadel durchsetzt werden.

Der vertikale Verlauf der Rindengänge wird wie bei der Fichte auch bei der Tanne durch das ungleiche Wachsthum der Rinde, in Folge der Verdickung des Stammes wesentlich gestört; Auseinanderzerrungen der Kanäle gehen damit Hand in Hand; seltener bei der Gattung Abies, aber häufig bei den Gattungen Tsuga und Pseudotsuga schwellen schon in den ersten Jahren einzelne Partien der Längskanäle der Außenrinde an, indem die den Kanal bildenden Zellen sich massenhaft theilen, radial und tangental, sodaß zugleich ein mehrschichtiges Gewebe entsteht, das bei seiner Entstehung Harz bildet und nach seiner Entstehung zur Festigung der so entstandenen Harzbeule oder Harzlücke beiträgt. Solche Anschwellungen können von dem Zusammenhange mit dem Kanale selbst im Laufe des Dickenwachsthumes des Stammes ganz losgetrennt werden und wachsen dann — nicht unähnlich den Sphäroblasten in der Rinde der Laub- und Nadelhölzer — selbstständig weiter, zu kugelig aus der Rinde hervorspringenden Harzbeulen; sie als durch Auflösung von Rindengeweben entstanden zu deuten, entspricht somit nicht der thatsächlichen Art ihrer Entstehung. Bei der Tanne wird das Harz dieser Beulen technisch verwerthet, für das intensiver aromatisch duftende Harz der Pseudotsuga besteht noch keine Verwendung. Bei der Tanne erhalten sich die Harzgänge in der Rinde, da Borkenbildung erst bei sehr hohem Alter auftritt, viel länger in Thätigkeit; an 80jährigen Tannen erst werden durch die Korkbildung die ersten Kanäle mit ihrer Borke gleichsam aus dem lebenden Gewebe herausgeschnitten.

Die Cotyledonen und die Rinde des hypocotylen Theiles der Tannenkeimpflanze sind ohne Harzgänge; dagegen sind bei der Tanne alle Knospen mit Harz überkleidet, das schon mit der ersten, makroskopisch sichtbaren Anlage der Knospen erscheint. Diese Ausscheidung von Harz nach außen ist aber nur scheinbar eine spontane; wie schon erwähnt, wird das Harz in den von den wachsenden Deckschuppen gebildeten Intercellularräumen ausgeschieden, solange bis das Wachsthum derselben sistirt und das zwischen den Knospenschuppen hervortretende Harz erhärtet ist.

Männliche und weibliche Blüthen zeigen in statu nascenti von den Fichten in Bezug auf die Harzgänge nicht abweichende Verhältnisse; die Harzgänge der Bracteen sind bei der Tanne natürlich mit der Bractee auch viel länger und kräftiger entwickelt.

In den Kiefern, Gattung Pinus, sind nur die Harzgänge der ein- und zweijährigen Pflanzen nach dem Typus der übrigen Abietineen angeordnet, da nur in den beiden ersten Jahren die Kiefern einfache Nadeln besitzen, welche je zwei Harzgänge tragen, die wiederum mit dem Hauptrindengange des Kieferntriebes in Verbindung stehen. Schon im zweiten Jahre verkürzen sich die einfachen (primären) Nadeln immer mehr und vom dritten Jahre an verkümmern sie zu unscheinbaren Trockenschuppen, in deren Winkel sich ein Kurztrieb mit zwei, drei, fünf und mehr Nadeln entwickelt. Bei zweinadeligen Kiefern ist der Querschnitt der Nadeln annähernd ein Halbkreis; es liegen zwei Kanäle in den Kanten und einer in der Bogenseite; je nach Art der Sektion liegen diese Kanäle bald ganz an der Epidermis, bald im Innern des grünen Parenchymes der Nadeln; bei drei-, fünf- und mehrnadeligen Kiefern bildet der Querschnitt der Nadeln einen Kreissektor, die Harzgänge liegen in den drei Kanten. Außer diesen regelmäßigen oder Hauptgängen treten noch mehrere accessorische Gänge auf; bei der gemeinen Kiefer bis zu 21, bei der Pinus Torreyana, welche, obwohl fünfnadelig, wohl die massivsten Nadeln von allen Kiefern besitzt, kann man

30 accessorische Gänge zählen. Gegen die Basis der Nadeln zu reduzirt sich bei allen Kiefern die Zahl der Harzgänge auf zwei größere, welche jedoch, wie die accessorischen, mit einer Gruppe von sklerenchymatischen Zellen innerhalb der sklerosirten Insertionsstelle der Nadel blind enden. Die zwei-, drei-, fünf- und mehrzähligen Büschelnadeln der Kiefern sitzen bekanntlich auf einem außerordentlich kurzen Triebe auf; dieser trägt vier Harzkanäle, mit denen, wie oben erwähnt wurde, die Nadelgänge in keiner Verbindung stehen, wohl aber treten diese vier Gänge mit den Rindengängen des Haupttriebes in Kommunikation.

Verschieden von den Gattungen Abies und Picea ist die Gattung Pinus sodann dadurch, daß die Harzkanäle der Rinde auch in die Winterknospe sich fortsetzen, sodaß bei dem Austreiben derselben freie Kommunikation zwischen den Rindengängen des neuen und des vorausgehenden Triebes besteht. Hat ein Trieb acht Rindengänge, der darauffolgende aber dreizehn, so gabeln sich so viele Kanäle von den acht Gängen ab, bis die Zahl dreizehn erreicht ist. Die erwähnte Kommunikation hat aber für einen etwaigen Austausch des Harzes nur einen sehr geringen Werth, da schon in den folgenden Jahren durch das Dickenwachsthum der Quirläste die Verbindung so eingeengt wird, daß eine Bewegung des Harzes wohl unmöglich wird.

Von den Harzgängen der Kiefernknospe gabeln je zwei große Zweige in jede Knospenschuppe ab; sterben diese durch Korkbildung ab und vertrocknen sie (gegen den Herbst hin), so tritt reichlich Harz aus den todten Schuppen aus, das dieselben miteinander verklebt.

In die männliche Blüthe treten aus der Rinde des Triebes zwei Harzgänge über, die sich durch Abzweigung auf vier bis sechs vermehren und in dieser Zahl in der Achse der männlichen Blüthe aufwärts verlaufen. Das Konnektiv ist harzgangfrei. Bei dem Eintritt der Korkbildung (schon Mitte Juni) werden die Harzgänge in der männlichen Blüthe durch Auswachsen der Zellen der Gänge verschlossen.

In die Stielen der weiblichen Blüthen (der werdenden Zapfen) treten zwei bis vier Gänge aus der Rinde über. Hierzu kommen noch so viel neue, mit blinden Enden beginnende Kanäle, bis die Zahl acht erreicht ist.

Je zwei Seitengänge zweigen davon in die den Stiel der Rinde bedeckenden häutigen Schuppen ab (verkümmerte Primärnadeln); ebenso gehen zwei Seitenkanäle in die Bractee, die ebenfalls nur eine verkümmerte Primärnadel darstellt; vier Gänge treten in die Zapfenschuppe über, welche dadurch anatomisch als veränderter Kurztrieb erscheint, der eine flächenförmige Verbreiterung erfahren hat, indem die Gefäßbündel und Harzkanäle in allen Richtungen auseinanderstreichen.

An einem fünf Jahre alten Triebe greift die Korkbildung, die die Rothfärbung des Triebes verursacht, bereits so tief ein, daß Harzgänge getroffen werden, die sich dabei ganz ebenso verhalten wie bei der Fichte. Bei Eintritt der Korkbildung beginnen die Harzgangzellen sich zu theilen und zu vermehren, soweit im Lumen des Kanales eben Platz ist. Grenzt dabei dieses Füllgewebe seitlich an Korkzellen an, so wird es verkorkt; grenzt es an Sklerenchymzellen an, so wird es sklerosirt und liegt es am Phelloderm an, so wird es gleich diesem.

In vielen Punkten verschieden von den bisherigen Gattungen verhält sich Gattung Larix, welche die Lärchenarten umfaßt. Die beiden Harzgänge der Nadeln sind schon in den Embryonalnadeln der Winterknospe vorhanden. Mit dem Beginne der Vegetation strecken sich mit den Nadeln die Kanäle, nie aber kommt es zu einer Verbindung der Nadelkanäle mit denen des Triebes. Die Hauptrindengänge fehlen den Lärchenlängstrieben vollständig. Nur in den Nadelkissen der Längstriebe liegen zwei kurze Kanäle, und zwar im Hypoderm, nicht in den grünen Rindenparenchymgeweben, in denen die Hauptrindengänge der Fichten, Kiefern und Tannen verlaufen. Diese beiden Kanäle in den Nadelkissenwülsten der Lärchenlängstriebe verlaufen nur eine kurze Strecke abwärts, nämlich bis zur Insertionsstelle der nächsten tiefer stehenden Nadel. Sie stehen weder unter sich noch mit den Gängen der Nadeln oder den Harzkanalgängen des Bastes in Verbindung. Diese Gänge im Hypoderm der Lärchenrinde werden schon wenige Wochen nach ihrer Bildung wieder außer Funktion gesetzt durch das Entstehen der Korkschichte am Lärchentriebe. Daß diese Gänge nur mit den Verbindungsgängen bei der Fichte identisch sind, habe ich schon im Jahre 1885 in meiner oben citirten Arbeit Seite 20 und 21 nachgewiesen (Fig. 3, Tafel I).

Während somit den Längstrieben der Lärche die Hauptrindenkanäle fehlen, sind solche bei den Lärchenkurztrieben vorhanden, aber nur von kugeliger Gestalt; wie bei den Fichten stehen die Gänge zweier übereinanderstehender Jahrtriebe in keiner Verbindung. Bereitet sich der Lärchenkurztrieb durch allmähliche Steigerung des Längen- und Stärkenwachsthumes zur Zapfenbildung vor, so wird der kurze Rindenkanal immer länger; die Basis des Zapfens trägt bereits zerstreut stehende Nadeln wie ein Längstrieb; in dieser Region liegen unterhalb dem Hypoderm die beiden schon erwähnten kurzen Kanalstücke, welche aber nach oben gegen den Zapfen zu immer länger werden, und zwar an beiden Enden, sodaß die oberen Enden allmählich mit den beiden Kanälen der Nadeln, die unteren Enden mit den kurzen Hauptrindenkanälen in Verbindung treten, wodurch ein Bild entsteht, das völlig mit der Anordnung der Kanäle in einem einjährigen Fichtentriebe sich deckt. Ueber den Verlauf der Harzgänge in den Zapfenschuppen und Bracteen des Lärchenzapfens gilt das Gleiche, was für den Fichtenzapfen angegeben wurde.

Die Rindenhauptgänge des Lärchenkurztriebes sind, wie erwähnt, kugelig, da das Längenwachsthum eines Kurztriebes nur 1 mm beträgt; sie verändern ihre Form im Laufe der Jahre nicht, da der Holztheil eines acht Jahre alten Kurztriebes nicht mehr als 20 bis 25 Tracheiden im Radius umfaßt; das heißt es findet an den Kurztrieben der Lärche überhaupt kein nachträgliches Dickenwachsthum statt. Bei dem geringen Durchmesser eines Kurztriebes und der verhältnißmäßig ziemlich beträchtlichen Größe der Kanäle in der Rinde des Kurztriebes stehen die Kanäle auf einem Querschnitte so nahe beisammen, daß oft nur ein Paar Parenchymzellen zwischen zwei Harzkanälen verbleiben; oft fließen zwei Harzgänge auch in einen zusammen. Da die Jahrringbildung an den Kurztrieben unterbleibt, so kann deren Alter entweder an der Zahl der Markunterbrechungen oder der übereinanderstehenden Harzbehälter ermittelt werden. Die Lebensdauer dieser Harzkanäle erlischt mit dem Leben des Kurztriebes, das ist also dann, wenn die Endknospe des Kurztriebes zur Blüthenbildung verwendet wird, was im 2. bis 10. Lebensjahre des Kurztriebes der Fall sein kann.

Die Knospe der Lärche verhält sich ebenso wie jene der Tanne, sie ist mit Harz überklebt, das zwischen den Knospenschuppen gleichsam in den von diesen gebildeten intercellularen Raum, solange die Schuppen selbst im Wachsthum begriffen sind, ausgeschieden wird.

*β*) Inneres Gangsystem. Das innere Harzgangsystem ist durchaus ein Produkt des Cambiums und durchzieht dementsprechend Holz und Bastheil des Baumes, es besteht aus vertikalen und horizontalen Harzgängen, die vertikalen gehören ausschließlich dem Holze an, während die horizontalen von den vertikalen im Holze ihren Ursprung nehmend in und mit den Markstrahlen durch das Holz und Cambium bis in die Rinde (Basttheile) sich erstrecken; eine Verbindung mit den vertikalen Rindenhauptgängen des äußeren Gangsystemes findet nicht statt.

Wie innerhalb der Cambiumregion zur Zeit der Jahrringbildung die vertikalen Kanäle durch Theilung der Cambialzellen und durch Trennung der so abgekammerten Elemente von einander in Folge der Streckung der Holzorgane überhaupt entstehen, habe ich ausführlich 1885 l. c., Seite 33 und folgende, beschrieben. Man muß den Spannungszuständen allein die ganze Kanalbildung zuschreiben, da eine aktive Betheiligung des aus den Zellen austretenden Harzes thatsächlich nicht besteht. Während nämlich die den Kanal bildenden Zellen dieselbe Größe beibehalten, welche sie in der Cambiumzone erhalten, dehnen sich die mit jenen seitlich verwachsenen Holzelemente in ihrem Radius auf das Dreifache ihrer ursprünglichen Dimension aus; so gelangt die eine (äußere) Tangentalwand der Zelle in einen weiter nach außen liegenden und darum größeren Kreis des Stammumfanges. Es müssen also auch intensive Spannungen,

Zerrungen in der Peripherie des wachsenden Stammes resultiren, welche die in Folge der Harzausscheidung sich von einander ablösenden Kanalzellen auseinanderzerren und so das Lumen des Kanals schaffen. Auf diese Weise entstehen alle vertikalen und horizontalen Harzgänge im Holze und ceteris paribus auch im Bast der Nadelhölzer. Der anatomische Befund der Kreuzungsstelle zweier Harzgänge und das sonstige Detail in der Ausbildung der Kanäle beweist die Richtigkeit der gegebenen Deutung. Durchbohrt bei Entstehung eines vertikalen Harzganges ein Markstrahl den Kanal in seiner Mittelachse, so erhalten an ein- bis zweizelligen Markstrahlen dessen Zellen innerhalb des Kanallumens eine merkliche Einschürung, ein Bild, das man erhält, wenn man eine Glasröhre bis zum Glühen erhitzt und an beiden Enden langsam auseinanderzieht; vielfach sind Zellmarkstrahlen in der Mitte des Kanales auseinandergerissen; die ausgezogenen feinen Spitzen stehen sich noch gegenüber; die eine Hälfte der halbirten Zellen erweist sich als todt, während die andere Hälfte mit Plasma erfüllt bleibt; wo Markstrahltracheiden den Harzgang durchsetzen, werden sie zu Parenchymzellen.

Ist der Jahrring in seiner Breite fertig geworden (Ende Juli), so ist damit auch die Erweiterung des Harzganges zum Abschlusse gekommen und findet eine nachträgliche Verlängerung der Kanäle oder Erweiterung derselben in keinem Falle mehr statt. Der Abschluß der Erweiterung der Kanäle (Juli) kennzeichnet sich bei der Gattung Picea, den Fichtenarten, und Larix, den Lärchenarten, dadurch, daß ein Theil der Auskleidungszellen der Kanäle dickwandig wird. Solche Zellen verhalten sich hinsichtlich ihres Zellinhaltes und ihrer Funktionen während der ganzen Splintholzperiode hindurch wie Markstrahlzellen, andere dagegen bleiben dünnwandig; ebenso bleiben sämmtliche Auskleidungszellen der vertikalen und horizontalen Harzgänge bei den Kiefern dünnwandig. Diese dünnwandigen Zellen führen während der ganzen Splintholzperiode Plasma, Harz und Stärkemehl, nur sehr vereinzelt auch Gerbstoff und in diesem Falle dann kein Harz. Bei den Fichten und Lärchen werden auch in den folgenden Jahren immer noch einzelne dünnwandige Zellen in dickwandige übergeführt. So fand ich bei der Fichte mit dem Abschlusse des Jahrringes (Mitte August), daß auf 100 verdickte Auskleidungszellen 90 nicht verdickte trafen; in den Kanälen des vorausgehenden Jahrringes trafen auf 100 verdickte noch 40 dünnwandige Zellen; in den Kanälen des 9 Jahre früher gebildeten Jahrringes war das Verhältniß 100 : 25; in den Kanälen des 16 Jahre früher gebildeten Holzes war das Verhältniß 100 : 15, dann treten die ersten Symptome der Kernbildung auf und mit diesen eine Veränderung in den dünnwandigen Zellen, die ich nun näher beschreiben will.

Ehe das Splintholz Kernholz wird, wachsen die dünnwandig gebliebenen Auskleidungszellen der Harzgänge blasenförmig in das Lumen des Kanales vor, dieses selbst, soweit das vorhandene Harz eben Raum läßt, mit einem Füllgewebe (Thyllen) verstopfend. Auch bei allen Kiefernarten bleiben sämmtliche Auskleidungszellen dünnwandig und im Ruhezustand, bis das betreffende Splintholz Kernholz wird, womit diese dünnwandigen Zellen (Folgemeristem) ihr Wachsthum beginnen und ebenfalls alle Gänge verstopfen. Diese Thyllenbildung in den Intercellularräumen des Holzes, sowie den durch sie bewirkten Verschluß der Kanäle habe ich zuerst beobachtet und den Prozeß ausführlich 1885, Seite 40, beschrieben. An den Berührungsstellen der Füllzellen bilden sich einfache Tüpfel und sie verdicken bei den Holzarten, welchen auch verdickte Auskleidungszellen zukommen. Die beigegebene Fig. 6 (Tafel I) zeigt einen Markstrahl mit einem Harzgange aus dem Fichtenholze und zwar unmittelbar nach dem Beginn der Verkernung; die dünnwandig gebliebenen Zellen sind eben ausgewachsen, die dickwandigen sind, wie alle Markstrahlzellen, da nebensächlich schematisch gezeichnet. Die Kanäle erscheinen fast gänzlich verschlossen, nur in dem verbleibenden Intercellular findet das dickflüssig gewordene Harz noch eine Stätte, Fig. 6d; bei der Enge des Intercellularraumes und der Dickflüssigkeit des Harzes ist eine Bewegung desselben in Folge der Schwere und bei dem Fehlen von Druckdifferenzen ausgeschlossen. Während im Splinte das Abwärtssickern des Harzes, an das die botanische und forstliche Literatur glaubt, durch die engen Kapillaren und den Turgor des mit Wasser erfüllten Holzes verhindert wird, ist ein Abwärtssinken des Harzes im Kernholz schon deshalb unmöglich, weil die Harzgänge durch Thyllen verstopft sind. Was den Zeitpunkt des Eintretens dieser Thyllenbildung betrifft, so ist derselbe wie der Eintritt der Verkernung nach Holzarten, nach Baumindividuen und nach Standorten sehr verschieden. Im Allgemeinen liegt dieser Zeitpunkt zwischen dem 8. und 15. Jahrringe, vom Cambium aus nach dem Marke zu gezählt. Wie sehr Standortsverschiedenheiten die Splintbreite beeinflussen, geht schon daraus hervor, daß bekanntlich die Splintbreite bei den Kiefern mit der Zunahme der lehmigen Bestandtheile, also mit der Abnahme der sandigen Beimengung im Boden steigt, so daß also der schmalste Splint auf dem Boden erwächst, der bei einem Minimum von nothwendigen, lehmigen oder Humusbestandtheilen ein Maximum von Sand aufweist. Von den vertikalen Harzgängen im Holze wäre zunächst beachtenswerth, daß, entgegen der herrschenden Ansicht, kein Harzgang von der Spitze des Baumes bis zur Wurzel verläuft. Die Längserstreckung ist eine beschränkte und beträgt im Durchschnitt nach meinen mannigfachen Messungen

| | | | |
|---|---|---|---|
| bei der Fichte | untere | Stammhälfte | 70 cm |
| = = = | obere | = | 40 = |
| = = Lärche | untere | = | 30 = |
| = = = | obere | = | 15 = |

Die kürzesten vertikalen Gänge liegen in der Nähe der Aeste. Das obere und untere Ende eines vertikalen Ganges kennzeichnet eine Gruppe von Holzparenchymzellen; die mittlere Partie des Ganges liegt tiefer in dem Jahrringe als die beiden Enden; letztere sind daher später gebildet worden als die Mitte des Kanales. Obwohl viele Kanäle bei dem Abschlusse des Dickenwachsthums im Sommer (Juli bis Mitte August) bis hart an die Cambialregion herantreten, so findet doch im folgenden Jahre keine Fortsetzung des Kanales statt; es giebt also keine vertikalen Gänge, die von einem Jahrringe sich in den nächsten jüngeren Jahrring erstrecken, also mehrere Jahrringe durchsetzen. Zwei vertikale Gänge desselben Jahrringes aber können sich durch Anastomosen vereinigen, indem statt der zwischenliegenden Tracheiden noch innerhalb der Cambialregion Parenchymzellen und Gangauskleidungszellen gebildet werden, welche sich von einander trennen und so eine Verbindung zwischen beiden vertikalen Gängen darstellen. (Fig. 11, Tafel II.)

Eine Ermittlung der Zahl der vertikalen Gänge auf einer bestimmten Fläche und in einer bestimmten Höhe am Baume, um gewisse Gesetzmäßigkeiten in der Vertheilung herauszufinden, führt nicht zum Ziele, da die Auswahl der Fläche, auf welcher gezählt werden soll, durch Zufälligkeiten sehr erschwert wird. Manche Jahrringe tragen nur wenige, manche haben zahllose Harzgänge.

Ein sehr starker Jahrestrieb einer erwachsenen Fichte zeigte oben 4 vertikale Harzgänge im Holzkörper, in der Mitte 26 und ganz unten 56; in der halben Länge des Triebes war nicht mehr die Hälfte der Kanäle vorhanden, die andere Hälfte endete unterwegs blind; im unteren Querschnitte trafen

auf 42,16 qmm der Holzfläche 56 Gänge, also 1 Kanal auf 0,756 qmm Holzfläche; im mittleren Querschnitte trafen

" 7,06 " der Holzfläche 26 Gänge, also 1 Kanal auf 0,272 qmm Holzfläche; im oberen Querschnitte trafen

" 0,78 " der Holzfläche 4 Gänge, also 1 Kanal auf 0,195 qmm Holzfläche;

es bestand somit trotz der absoluten Abnahme eine relativ sehr beträchtliche Zunahme der Vertikalgänge im Holze des Triebes von unten nach oben.

Der Querschnitt einer 10jährigen Fichte zeigte 804 vertikale Harzgänge, jener einer erwachsenen Fichte in der Mitte des Schaftes 44 000.

Um einige Anhaltspunkte über die Vertheilung der vertikalen Harzgänge im Schafte einer 100jährigen in Grafrath bei München gewachsenen Fichte zu bieten, sei Folgendes erwähnt:

Vertikale Harzkanäle auf 2 qmm Querschnitte.

| | Aeußere Holzlagen | | Innere Holzlagen | | Aeußere Holzlagen | Innere Holzlagen | Aeußere und innere Holzlagen |
|---|---|---|---|---|---|---|---|
| | Süd | Nord | Süd | Nord | Durchschnitt | | |
| Im unteren Schafttheile | 800 | 124 | 122 | 20 | 212 | 71 | 142 |
| Im mittleren Schafttheile | 210 | 160 | 74 | 70 | 185 | 72 | 128 |
| Im oberen Schafttheile | 124 | 120 | — | — | 122 | — | 122 |

Es ergiebt sich daraus, daß mit dem Aelterwerden des Stammes die Zahl der vertikalen Gänge im Holze zunimmt, daß in jenen Stammtheilen, welche zur Zeit der Bildung der Kanäle eine Bekronung tragen (oberer Stammtheil) bezw. trugen (innere Holzlagen) die Zahl der Vertikalgänge geringer ist, als in jenen Holzlagen, welche erst am astlosen Schafte zur Ausbildung gelangen. Die Horizontalgänge verhalten sich gerade umgekehrt. Die Länge der vertikalen Gänge ist, wie erwähnt, im astlosen Schafte größer, als am beasteten; es dürfte sich daraus ergeben, daß der langgestreckte, gerade Faserverlauf die Bildung der vertikalen Gänge begünstigt, während, wie eine spätere Darstellung beweisen wird, der kurze, durch eingewachsene Aeste gedrückte und geschlungene Faserverlauf des bekronten Schaftes der Entstehung der horizontalen Kanäle förderlich ist.

Für die Beurtheilung des Harzgehaltes eines Baumes ist es von Belang, neben der Zahl der Harzgänge auch die Größe derselben zu kennen. In diesem Punkte bestehen zwischen den einzelnen Holzarten große Verschiedenheiten, und im Allgemeinen zeigen jene Bäume, welche die weitesten Harzgänge besitzen, auch den größten Harzgehalt. Die Durchschnittsweite der Kanäle wurde aus einer großen Anzahl von Messungen bestimmt; giebt man der Weymouthskiefer, welche die weitesten Harzkanäle im Holze besitzt,

| | | | |
|---|---|---|---|
| Weymouthskiefer | im unteren Stamm | 10, so erhält der obere Stammtheil | 9 |
| Gemeine Kiefer | " " " | 9, " " " " " | 7 |
| Zürbelkiefer | " " " | 8, " " " " " | — |
| Pinus uncinata | " " " | 7, " " " " " | — |
| Die Fichte | " " " | 6, " " " " " | 5 |
| Fichtenwurzel | " " " | 7, " " " " " | — |

Vergleicht man den Harzgehalt der betreffenden Holzarten hiermit, so nimmt die Weymouthskiefer in der Harzgangskala pro Gewicht des Holzes die oberste, die Kiefer die mittlere und die Fichte die unterste Stufe von diesen drei Holzarten ein.

Der einjährigen Fichtenpflanze fehlt im oberirdischen Stengeltheil jeder vertikale Harzgang im Holze; die kräftigen Lärchen- und Kiefernkeimlinge besitzen solche. Das erste Holzgerüste, das den aufkeimenden Nadelhölzern Festigkeit giebt, ist aus drei Platten gebildet, die in der Achse (Mark) der

Pflanze im Winkel von 120° zusammenstoßen; ebenso ist die Hauptwurzel (Pfahlwurzel) im ersten Jahre gebildet, während alle Seitenwurzeln nur zwei Holzplatten führen, die in einem Winkel von 180° auf einanderstoßen, also in einer Ebene liegen. Die Hauptwurzel trägt drei in der Ebene der drei Holzplatten liegende Vertikalgänge, alle Nebenwurzeln enthalten deren im ersten Jahre zwei; in den folgenden Jahren steigt die Zahl sodann mit dem Dickenwachsthum der Wurzel an, die äußerste Wurzelspitze des erwachsenen Baumes ist physiologisch und anatomisch gleich der Wurzel der keimenden Pflanze. In den ersten Jahren sind alle mehr oder weniger horizontal streichenden Nebenwurzeln hyponastisch angelegt, das heißt es entwickeln sich die dem Erdinnern zugekehrten Wurzelpartien stärker als die nach oben gekehrte Wurzelhälfte. Zu dieser Zeit liegen auch mehr Vertikalgänge in der unteren als in der oberen Wurzelhälfte; da aber allmählich durch das Dicken- und Höhenwachsthum des Baumes das Gewicht des Baumes ganz außerordentlich steigt und dieses auf der Unterseite der Wurzeln gegen den Erdboden drückt, besonders bei der Fichte, bei der die Pfahlwurzel frühzeitig verkümmert, so wird auf der Unterseite die Holzbildung erschwert, und vielfach ganz unterdrückt; es gehen deshalb die Ansatzstellen der Wurzeln am Schafte aus der Hyponastie in die Epinastie über, das heißt die obere Partie der Wurzel entwickelt sich bedeutend stärker als die untere. Mit dem gesteigerten Wachsthum vermehrt sich die Zahl der Harzgänge, so daß die obere Wurzelhälfte stets harzreicher ist, als die untere, während das Umgekehrte der Fall sein müßte, wenn die herrschende Ansicht richtig wäre, daß das Harz, dem Gesetze der Schwere folgend, immer mehr nach unten sickert.

Es fehlen die normalen vertikalen Harzgänge vollständig allen Tannen (Gattung Abies) und allen Tsugen (Gattung Tsuga); vorkommende vertikale Harzgänge in diesen Holzarten sind nur abnorm oder pathologisch.

Alle Holzarten, welche vertikale Harzgänge besitzen, führen auch horizontale; diese horizontalen entspringen aus den vertikalen Gängen. Bei der Fichte entspringen aus kräftigen Vertikalgängen auf 1 cm Länge derselben bereits 7 horizontale Gänge, bei schwachen Kanälen trifft auf 1 cm Ganglänge noch nicht ein Horizontalkanal. Als Durchschnitt vieler Messungen ergiebt sich, daß bei der Fichte auf 1 cm des vertikalen Ganges eine Ursprungsstelle eines Horizontalganges trifft. Sobald die Ursprungsstelle eines Horizontalkanales der Verkernung anheimgefallen, besteht freie Kommunikation zwischen den Horizontal- und Vertikalgängen nur noch da, wo ein Horizontalgang auf seinem Wege in die Rinde einem vertikalen begegnet. Trifft dabei der horizontale Gang den vertikalen genau in seiner Axe, so wird der vertikale Gang halbirt und Verbindung durch Intercellularräume der beiderseitigen Kanäle besteht dann vom horizontalen und nach beiden Hälften des vertikalen Ganges hin. Berührt aber der horizontale den vertikalen nur seitlich, so ist nur nach dieser Seite hin Verbindung zwischen beiden Gängen durch einen Intercellularraum, vide Abbildung in Hartig's Anatomie und Physiologie der Pflanzen.

Hinsichtlich des Baues der Auskleidungszellen, ihrer Funktionen, des Verschlusses der Kanäle bei dem Uebergange von Splint- in Kernholz verhalten sich die Horizontalkanäle völlig den vertikalen analog. Mit dem Markstrahl durchsetzen sie das Cambium und erstrecken sich noch in die Rinde (Basttheile, sekundäre Rinde). Im Winter sind die Kanäle durch die Cambiumzellschichte verschlossen, da diese stets ohne Intercellularraum ist. Es tritt daher bei einem Abtrennen der Rinde im Winter nur insoweit Harz aus, als dasselbe den Kanälen der Rindenschichten entströmt oder soweit dasselbe, wenn die Cambiumschicht total entfernt wurde, aus den Kanälen des bloßgelegten Holzkörpers stammt.

In ihrer Dimension sind die horizontalen Gänge bedeutend kleiner als die vertikalen. An die obige Größenskala der Vertikalgänge würden sich die horizontalen Gänge bei der Weymouthskiefer mit 4, bei der gemeinen Kiefer mit 3,5, bei der Fichte mit 3 einreihen; daß den Tannen und Tsugen mit den vertikalen auch die horizontalen Gänge fehlen, bedarf Angesichts der Genesis der horizontalen Gänge keiner ausführlichen Erwähnung.

Die Zahl der horizontalen Kanäle im Holze ist eine sehr große. Es finden sich nämlich auf 1 qcm der Tangentalfläche des letzten Jahrringes an Horizontalkanälen:

100jähr. Fichte von Grafrath bei München.

(Fichten mit Buchen und einzelnen Eichen.)

| Sektion | Süd | Nord |
|---|---|---|
| I. | 66 | 70 |
| II. | 51 | 57 |
| III. | 61 | 57 |
| IV. | 67 | 66 |
| V. | 58 | 70 |
| Durchschn. | 65 | 64 |

Durchschnitt 64 für den ganzen Schaft

(I.) Erdstamm . . 68
(II.-III.) Astloser Schaft . 57
(IV.-V.) Bekronter Schaft 70

150jähr. Fichte vom höheren Fichtelgebirge.

(Fichten u. Tannen ohne Buchen u. Eichen.)

| Sektion | Süd | Nord |
|---|---|---|
| I. | 68 | 56 |
| II. | 58 | 48 |
| III. | 60 | 47 |
| IV. | 110 | 60 |
| V. | 88 | 57 |
| Durchschn. | 72 | 51 |

Durchschnitt 62 für den ganzen Schaft

Erdstamm . . . . . 58
Astloser Schaft . . . . 51
Bekronter Schaft . . . 78

150jähr. Kiefer vom Fichtelgebirge.

| Sektion | Süd | Nord |
|---|---|---|
| I. | 68 | 66 |
| II. | 45 | 58 |
| III. | 60 | 68 |
| IV. | 60 | 60 |
| V. | 57 | 68 |
| Durchschn. | 57 | 61 |

Durchschnitt 59 für den ganzen Schaft

Erdstamm . . . . 65
Astloser Schaft . . . 55
Bekronter Schaft . . 60

125jähr. Kiefer, norddeutsche Tiefebene.

| Sektion | Anzahl |
|---|---|
| I. | 70 |
| II. | 57 |
| III. | 57 |
| IV. | 70 |
| Durchschn. | 63 |

für den ganzen Schaft

Erdstamm . . 70
Astloser Schaft . 57
Bekronter Schaft 70

80jähr. Lärche bei Grafrath gewachsen.

| Sektion | Süd | Nord |
|---|---|---|
| I. | 87 | 72 |
| II. | 66 | 70 |
| III. | 67 | 70 |
| IV. | 77 | 81 |
| V. | 86 | 77 |
| VI. | 80 | 74 |
| Durchschn. | 77 | 74 |

Durchschnitt 76 für den ganzen Schaft

| | | | | | |
|---|---|---|---|---|---|
| Erdstamm . . | 80, | Wurzel | oben | 46 | 48 |
| Astloser Schaft | 68, | " | unten | 84 | |
| Bekronter Schaft | 79, | Ast | oben | 70 | 60 |
| | | " | unten | 49 | |

Dieselbe Lärche zeigte vor 30 Jahren, also mit 50 Jahren.

| Sektion | Süd | Nord |
|---|---|---|
| I. | 77 | 72 |
| II. | 67 | 60 |
| III. | 84 | 78 |
| IV. | 110 | 92 |
| Durchschn. | 85 | 75 |

Durchschnitt 80 für den ganzen Schaft

| | | |
|---|---|---|
| Erdstamm | ( I. Sektion) | 75 |
| Astloser Schaft | (II. " ) | 68 |
| Bekronter Schaft | (III. " ) | 90 |

Der 12. Jahresring vom Marke ausgezählt, der bei der I. Sektion im 15. Lebensjahre des Baumes gebildet wurde, der also im haubaren Stamme dem Wurzelanlauf oder Erdstamm zufällt, zeigte im Durchschnitt von S. und N. = 89 Kanäle.

Die 12. Jahresringe im 20. und im 30. Lebensjahre des Baumes, welche Ringe im erwachsenen Baume in den astlosen Schafte zu liegen kommen, enthielten 83 Kanäle.

Die 12. Jahresringe des 45. und 60. Lebensjahres, die an dem 80jährigen Stamme in die Krone fallen, zeigten 101 Kanäle.

Obwohl der 12. Jahresring stets im Kronenbereiche des Baumes angelegt wird, giebt er bereits die Gesetzmäßigkeit an, die von den späteren Jahresringen stets eingehalten wird, nämlich daß ganz unten (Erdstamm) und ganz oben (bekronter Schaft) sich stets mehr Kanäle finden, als in der Mitte (astloser Schaft); wie die Lärche verhalten sich die Fichte und die Kiefer, so daß diese Erscheinung keine zufällige, sondern eine gesetzmäßige ist, die überdies noch durch die quantitative Analyse für alle Nadelhölzer bestätigt wird.

Während die Zahl der vertikalen Gänge von Innen nach Außen auf einem Querschnitte (also mit dem Alter) beträchtlich zunimmt, vermindert sich die Zahl der horizontalen Gänge; bei obiger Lärche z. B. ist die Abnahme folgende:

| Sektion | Aeußere Holzlagen | Mittlere Holzlagen | Innere Holzlagen |
|---|---|---|---|
| I. | 67 | 74 | 89 |
| II. | 68 | 64 | 78 |
| III. | 69 | 77 | 87 |
| IV. | 79 | 101 | 118 |
| Durchschnitt | 71 | 79 | 92 |

Mit den Markstrahlen erstrecken sich die Horizontalgänge bis in die Rinde. Sie besitzen mit den Markstrahlen innerhalb der Cambialregion ein intercalares Wachsthum, das heißt alljährlich wächst der dem Holzkörper angehörige Theil des Ganges um die Breite des betreffenden neuen Jahrringes in die Länge, wie auch der im Baste liegende Theil des Kanales um die jährliche Bastzulage sich streckt. Da in jedem Jahre beträchtlich weniger Bast- als Holzzellen gebildet werden, so ist der Bastkanal kürzer als seine Fortsetzung im Holzkörper. Das im Baste liegende Ende des Kanales ist durch die tangentalen Zerrungen angeschwollen. Jenen Pflanzentheilen, denen die vertikalen Gänge fehlen, müssen nothwendiger Weise auch die horizontalen und mit diesen auch die Bastkanäle fehlen. Schon die ersten Borkenschuppen greifen bei den Fichten, Lärchen und Kiefern so tief ein, daß die Endigungen der horizontalen Kanäle im Baste getroffen werden. Dabei erfolgt ihr Verschluß durch Thyllen, die Durchschneidung durch die Korkschichte in derselben Weise, wie ich sie für die vertikalen Gänge der Rinde besprochen habe.

Dieses Füllgewebe in den Harzräumen im Baste der Lärche und der Weymouthskiefer hat wohl Mohl bereits beobachtet und daraus den Schluß gezogen, daß es primär vorhanden ist und daß durch dessen Auflösung erst die Harzlücke entsteht. Bei der Lärche und Weymouthskiefer nämlich erfolgt durch das Dickenwachsthum des Stammes eine totale Trennung des blinden Endes des Harzganges, welches sodann weiter in kugeliger Form sich vergrößert, nicht durch Auflösung des umliegenden Gewebes, wie eine unrichtige Beobachtung Mohl's, die heute noch allgemein in der Literatur festgehalten wird, angiebt, sondern durch das gerade Gegentheil von Auflösung, nämlich durch Zellvermehrung in peripherischer Richtung von Seite der den kugeligem Harzraum bekleidenden Zellen. Gleichzeitig erfolgt eine centripetale Zellvermehrung, wodurch eine mehrschichtige Wand entsteht, welche der Kugel eine beträchtliche Festigkeit verleiht, so daß sie mit Leichtigkeit aus dem umgebenden Gewebe herausgenommen werden kann, was unmöglich wäre, wenn diese Harzlücken durch Auflösung von Zellgeweben zu Stande kämen. Daß bei der Lärche im ersten Jahre der Horizontalgang im Holz und Bast vielfach verkümmert, erschwert zwar die Kenntniß, ändert aber nichts an der Genesis der Harzlücken. Da diese Lücken bei der Lärche und bei der Weymouthskiefer im Cambium gleichzeitig mit dem in genetischen Zusammenhange stehenden vertikalen Gängen angelegt werden, so folgt, daß diese Lücken in Längsreihen am Triebe angeordnet sein müssen. Jede Längsreihe läuft parallel mit einem im Holze liegenden gleichalten Vertikalgange. Vom 4. Jahre an unterbleibt die Obliteration des zugehörigen Horizontalganges; die Bastgänge sind dann völlig gleich denen der Fichte und übrigen Kiefernarten.

Trifft bei der Weymouthskiefer die Korkschichte der Borkenschuppe auf eine solche harzerfüllte Kugel, so umgeht sie diese, so daß letztere immer entweder ganz im lebenden Rindengewebe oder ganz in der todten Borkenschichte zu liegen kommt.

### b) Abnorme Harzbehälter.

1. Abnormes Parenchym. Alle Verletzungen des Rindengewebes werden von der Pflanze ausgeheilt durch die Bildung von Kork, der sich zwischen todten und lebenden Zellen als Schutzschichte einschiebt. Die Stelle des Korkes wird im lebenden Holze (Splint) vertreten durch das Parenchym, das in diesem Falle Wundparenchym heißt. Zur Ergänzung getödteter Partien des Cambiums, zur Verkleidung bloßgelegter, aber vor Vertrocknen geschützter Wunden im Splintholze bildet sich Parenchym, das wie alles Parenchym im Holze der Nadelhölzer Harz producirt und physiologisch wie normales Holzparenchym sich verhält.

Wird das Cambium während seiner Thätigkeit gestört, wie dieses z. B. durch Spätfröste an den Nadelhölzern bewirkt wird, so kann man die Ausheilung der so entstandenen Wunde als innere Ueberwallung bezeichnen, wenn die Rinde dabei unverletzt bleibt. Die Reizwirkung eines gelinden Spätfrostes auf den bereits in cambialer Thätigkeit befindlichen Jahrring, insbesonders auf den werdenden Längstrieb, äußert sich darin, daß an Stelle der langgestreckten Holzfasern kurze Parenchyme entstehen, die Harz, wie gewöhnliche Parenchyme, in sich aufspeichern und etwa aus den Harzkanälen austretendes Harz isoliren. Die kurzgliederige Parenchymzelle geht dann im Laufe der Theilungen in eine Längsfaser über, welche durch frühzeitigen, noch in dem Jahre der Bildung erfolgenden Verlust des Zellinhaltes, sowie den Besitz von gehöften Tipfeln, den Parenchymzellen mit einfachen Tipfeln gegenüber, ausgezeichnet ist.

Auch an erwachsenen Stämmen von Fichte, Tanne und Kiefer findet man im Jahrringe zuweilen einzelne kleinere Nester mit unregelmäßigem Parenchym erfüllt. Bei der geringen Zahl ihres Vorkommens und der Unregelmäßigkeit ihres Auftretens ist die Ursache dieser Parenchymzellnester schwierig festzustellen. In einem Falle fand ich mitten im Jahrringe einer Fichte ein größeres Nest von kurzen Steinzellen, wirkliche Sclerenchymzellen, wie sie sonst nur in der Rinde vorkommen, auch hierfür fehlt mir die Erklärung.

Frostwirkung mit Wundholz erstreckt sich entweder nur auf eine Seite der Pflanze, wo die aus dem kalten Thale (Frostloch) abfließende Luft auf die Pflanze trifft oder findet sich rings um den Stamm oder Trieb, wenn die Pflanze im Frostloche selbst mit mehr oder weniger stagnirender, kalter Luft umgeben war. In diesem Falle erfolgt die innere Heilung, von den Parenchymzellen des Holzes ausgehend, welche etwaige Hohlräume mit dem Wundparenchym erfüllen, während von der lebend gebliebenen Rinde (Bastparenchym) ein neues Cambium geschaffen wird. Solche Verletzungen haben bei weiterer Streckung des Triebes eine einseitige Krümmung zur Folge nach der mit kurzgliederigem Parenchym versehenen Seite oder der beschädigte Trieb krümmt sich bei der Streckung pfropfenzieherartig, wenn die verkürzte Seite von der sich streckenden seitlich gedrückt wird.

Hat der Frost die Basthaut mit den Cambialschichten getödtet, so stirbt auch der übrige Holzkörper mit dem Plasma führenden Parenchyme und damit auch der ganze Pflanzentheil ab.

2. Harzbildung bei äußerer Ueberwallung. Wird durch eine Verwundung die Rinde entfernt oder so verletzt, daß sie und die darunterliegende Partie des Splintholzes absterben, so schiebt sich an der Grenze der lebend bleibenden Rinde und des lebend gebliebenen Splintes ein Ueberwallungswulst (Callus) hervor, der anfänglich aus Wundholzparenchym und Wundbastparenchym besteht. Das Wundholz ist von dem oben beschriebenen nicht verschieden. Wo aber das überwallende neue Rindengewebe zwischen den getödteten Partien von Holz und Rinde sich einschiebt, um endlich über dieselben hinauszuwachsen und das bloßgelegte Holz zu überkleiden, da entstehen an den Berührungsflächen des wachsenden Callus mit den abgestorbenen Partien Zwischenräume, die durch den Druck des Ueberwallungswulstes bis zu engen Intercellularräumen reduzirt werden. In diesen Intercellularraum scheidet der wachsende Wulst und

zwar nur so lange er wächst, Harz aus, das, wie bei den Knospen der Lärchen und Tannen, allmählich auch zwischen den neuen und todten Schichten hervortritt und den Wallungswulst selbst theilweise überzieht. Ganz das Gleiche findet statt, wenn an irgend einem Nadelholzstamme ein abgestorbener Ast oder auch ein fremder Körper, wie z. B. ein Nagel, eingewachsen wird. In diesem Falle scheiden auch Tanne und Tsuga, die keine Harzgänge besitzen, Harz aus, so daß der Durchfallast oder fremde Körper mit einer feinen, weißen Harzschichte überzogen erscheint.

3. Abnorme Harzgänge. Abnorm kann sowohl die Zahl der Harzgänge als das Auftreten von Harzgängen überhaupt sein. Eine abnorme Zahl von Harzgängen findet sich bei allen Harzgänge führenden Nadelhölzern in gewissen Jahren. Während z. B. ein Jahrring sehr arm daran ist, führt ein anderer wiederum dieselben in überreicher Zahl. Ja es giebt Querschnitte, in denen bei einem Jahrringe die Harzgänge so enge aneinander liegen, daß nur Markstrahlen als Trennung erscheinen. Wird so ein Stamm gefällt, so ist es gar nicht selten, daß das Holz, obwohl kerngesund, in pheripherischer Richtung ausspaltet, da in Folge der übergroßen Zahl von Harzgängen der Zusammenhalt in einem oder selbst mehreren Jahrringen fehlt. Eine Erklärung darüber, was die abnorme Zahl von Harzgängen hervorruft, kann ich nicht geben.

Abnorm kann ferner das Auftreten von Harzgängen überhaupt sein, selbstredend nur bei solchen Holzarten, denen für gewöhnlich Harzgänge fehlen, also bei Tannen und Tsugen. Solche Harzgänge sind kürzer, als die normalen anderer Holzarten, aber von gleichem Baue wie diese. Vielen Querschnitten mehr als hundertjähriger Tannen und Tsugen fehlt jeglicher Harzgang, andere Bäume besitzen mehrmals in ihrem Leben Jahrringe mit abnormen Harzgängen. Was den Anstoß zur Bildung abnormer Harzstoffmengen giebt, so daß die Ausscheidung bezw. Isolirung durch Kanäle nöthig erscheint, ist noch unbekannt. Wärme begünstigt sicherlich diesen Vorgang; wenigstens kann man derartiges da beobachten, wo es mehrere Arten von Tannen giebt, die verschiedenen Klimaten angehören. So z. B. führt die japanische Momi-Tanne (Abies firma) des Edelkastanienwaldes auffallend mehr abnorme Parenchyme als die Tanne der kühlen Fichtenregion (Abies Veitchii).

4. Harzgallen. Mit diesem Namen bezeichnet man flache, mit Harz erfüllte Räume im Holze der Nadelbäume, welche auch forstlich insoferne beobachtenswerth sind, als sie den Werth der Brettwaare ganz erheblich schädigen; überdies nimmt gerade für diese Harzgallen die Literatur ganz allgemein noch an, daß sie durch Auflösung von Holzparenchymnestern entstanden sind, der Art, daß Holzmembran in Harz umgewandelt wurde. Diese Theorie, die vor etwa 50 Jahren aufgestellt wurde, stützt sich auf nur höchst unzureichende Beobachtungen. Gegen die Richtigkeit derselben sprechen

folgende Thatsachen. 1. Es sind die in dem jüngsten Jahrringe befindlichen Harzgallen genau so mit Parenchym ausgekleidet, wie die in über 100 Jahre altem Holze; es giebt keine Harzgallen, bei denen das Auskleidungsparenchym weggelöst wäre. 2. Die Harzgallen entstehen zu einer Zeit und in einem Gewebe, in dem alle Prozesse auf das gerade Gegentheil von Auflösung, nämlich auf Zellbildung und Vermehrung gerichtet sind, das ist im Cambium und während der cambialen Thätigkeit. Die Harzgallen sind im ersten Momente ihrer Entstehung schon mit Harz erfüllt, ehe noch das isolirende Parenchym völlig ausgebildet ist. Diese Thatsache wirft zugleich Licht auf die Entstehung der Harzgallen, welche ich in dem werdenden Jahrringe (Anfang Juli) einer erwachsenen Fichte mehrmals zu beobachten Gelegenheit hatte. 3. Tannen und Tsugen besitzen abnorme Parenchyme wie die Fichte, nie aber kommt bei den beiden ersten Holzarten eine Harzgalle vor, da die Harzgallen in ursächlichem Zusammenhange mit den Harzgängen stehen, welche den Tannen und Tsugen bekanntlich fehlen.

So bleibt für die Entstehung der Harzgallen nur die Erklärung übrig, daß zur Zeit der Cambialthätigkeit Harz aus den Horizontalkanälen in die Cambialschichten gepreßt wird, welche dadurch gleichsam gespalten, auf eine bestimmte Flächenerstreckung hin durch den Harzerguß entzwei getrennt werden. Das in die weichen, dünnwandigen, noch unfertigen Schichten ausströmende Harz tödtet die ihm benachbarten Zellen, welche collabiren (Fig. 8b, Tafel II). Es beginnt sodann von den entfernteren Parenchymzellen, aus eine innere Ueberwallung durch Bildung von Wundholzparenchym, welches das ausgeflossene Harz isolirt und dadurch unschädlich macht. Fig. 8 zeigt eine Harzgalle mit beginnender Wundparenchymbildung aus einem werdenden Jahrringe einer erwachsenen Fichte am 2. Juli genommen. Mit solcher Gewalt wird das Harz in die Cambialschichten gepreßt, daß an dieser Stelle eine beträchtliche Ausweitung der dicksten Rinde erfolgt. Das die Gallen von Fig. 9, Tafel II, bedeckende Cambium mit der Rinde wurde entfernt, um zu zeigen, daß es sich bei den Harzgallen thatsächlich um einen Harzerguß und dessen totale Isolirung handelt.

Da das Harz im Baume, wie ich im I. Abschnitte nachgewiesen habe, nur ganz allmählich erhärtet und so sein Volumen verringert, so wird der entstehende freie Raum, so lange die betreffende Galle im Splintholze liegt, sofort wiederum durch neues Wundparenchym ausgefüllt, so daß das dem Harze anliegende kugelige Wundparenchym (Fig. 10, Tafel II) nicht durch Auflösung allmählich verschwindet, sondern de facto bis zur Zeit des Ueberganges in Kernholz sich noch vermehrt. Auch im Kernholze findet keine Auflösung der Zellen in Harz statt, denn der Bau der Harzgallen im ältesten Kernholze ist derselbe wie im jüngsten. Bei großen Harzgallen — und es giebt solche größer als die Hand mit 1/2 cm Dicke — ist die innere Auskleidungsschichte nicht nur Wundparenchym, sondern es zeigen sich sogar Jahrringsbildungen und mitten im Holzkörper Korkbildungen, dünn- und dickwandige Korkschichten Wundkork, der sicher nicht in Harz aufgelöst werden kann.

Was den pathologischen Erguß von Harz aus den Horizontalkanälen in die wachsende Cambialschichte verursacht, ist schwer zu entscheiden. Daß das Harz durch den Turgor der Splintschichten unter sehr hohem Drucke in den Harzgängen sich findet, ist bekannt. Die ganze Harznutzung bei der Fichte und Kiefer beruht nur auf der Auspressung des Harzes von Seiten des saftreichen Splintes, welche Kraft allein im Stande ist, den Widerstand der außerordentlich feinen Capillaren (Harzgänge) zu überwinden. Wo nun die Spannung durch die wechselnde Turgescenz der Gewebe am schnellsten wechselt, da findet man am häufigsten die Harzgallen. So finden sich Harzgallen vorzugsweise in der Umgebung der vom Schafte abzweigenden Aeste, durch welche der aufsteigende Wasserstrom, der in einem Winkel von der Hauptbahn abbiegt, eine Stauung erleidet; jene Bäume, welche isolirt stehen, also allen Extremen der Temperatur und Verdunstung ausgesetzt sind, sind auffallend reicher an Gallen als die im Bestandschlusse erwachsenen Bäume.

5. Harzrisse. Bekanntlich zeigen viele Bäume, unmittelbar nach der Fällung vom Marke ausgehende, feine radiale Risse im Kernholze des Basaltheiles. Für die Lärche ist durch den Harzgehalt dieser Risse nachgewiesen, daß sie schon im stehenden Baume vorhanden sind. Das Gleiche konnte ich bei der Douglasia beobachten. Diese Harzrisse sind aber von den Harzgallen schon dadurch verschieden, daß erstere wahre, radial durch mehrere Jahresringe verlaufende Risse im Holze darstellen, denen jegliches Auskleidungsparenchym fehlt.

Diese Kernrisse, die bei und nach der Fällung des Stammes sich rasch erweitern, auf eine Austrocknung des Kernholzes im stehenden Baume zurückzuführen, ist unzulässig, weil sämmtliche Holzzellwandungen, mögen die innersten Kernlagen tausend Jahre alt sein, stets im gesunden Baume mit Wasser gesättigt sind.

Es liegt vielmehr die Vermuthung nahe, daß die mit Harz erfüllten Kernrisse schon in sehr frühem Alter des Baumes entstehen und zwar als eine Folge heftiger Winde, welche die Stämme, besonders die freikronigen Lärchen, in Schwingung versetzen, wobei das Holz des Wurzelhalses das Maximum an Dehnungen und Zerrungen auszuhalten hat, die wiederum Spaltungen und Sprengungen hervorrufen können.

## B. Quantitative Vertheilung des Harzes.

### a) Normale Vertheilung.

Die ersten und letzten Untersuchungen über den Harzgehalt der Nadelhölzer rühren von Dr. Ulbricht her, seiner Zeit zu Tharand, dessen Arbeiten Schröder mit eigenen zu einem längeren Aufsatze im Tharander forstlichen Jahrbuche 1878 verarbeitet hat. Meine Methode der Harzbestimmung weicht von der Ulbricht's etwas ab wie folgt. Ich zerkleinerte möglichst fein gehobelte Späne der zu untersuchenden Holztheile mit der Scheere; diese wurden dann absolut trocken gemacht und vorsichtig unter Glasverschluß gewogen, in einer Menge absoluten Alkohols mit Hülfe des Rückflußkühlers mehrere Stunden lang gekocht; nach dem Abgießen des Alkohols wurden dieselben Späne mit einer neuen Quantität Alkohol gekocht und dieser zum zuerst erhaltenen Absude gebracht. Die ganze Menge Alkohol wurde sodann abdestillirt, der Rückstand mit Wasser versetzt, das, nachdem sich das ausgeschiedene Harz zu Boden gesetzt hatte, abgegossen wurde, um damit den im Alkohol in geringer Menge mitgelösten Zucker und Gerbstoff zu entfernen. Der Rest wurde dann bei 100 bis 105° C. absolut trocken gemacht und gewogen, um hieraus die Menge festen Harzes in einem bestimmten Gewichte absolut trockenen Holzes berechnen zu können. Alle zu untersuchenden Stämme wurden nach der Fällung sogleich zersägt und die betreffenden Stücke lufttrocken gemacht.

Da die ganze Untersuchung, von der Fällung des Stammes angefangen, bis zum Abschlusse der Harzbestimmungsmethode eine sehr zeitraubende ist — im Durchschnitte konnte ich bei zehnstündiger Arbeitszeit nur drei Harzbestimmungen pro Tag fertig stellen — so ist es nicht möglich gewesen, alle einschlägigen Fragen durch die Untersuchung zu lösen. Der Einfluß der verschiedenen Standorte und Erziehungsmethoden auf den Harzgehalt unserer einheimischen Nadelhölzer kann, soweit jene den Effekt haben, den Licht- und Wärmegenuß der einzelnen Pflanze zu steigern bez. zu schmälern, unschwer aus den allgemeinen Resultaten der vorliegenden Untersuchungen abgeleitet werden; für eine ziffernmäßige Darstellung desselben, wie insbesonders für die Beurtheilung der individuellen Schwankungen innerhalb einer Holzart sind die vorliegenden Untersuchungen nicht genug umfassend gewesen; dennoch habe ich nicht gezögert, meine wenigen, quantitativen Analysen der Oeffentlichkeit zu übergeben, da sie ihre volle Bestätigung fanden durch das, was die, der wissenschaftlichen Forschung zumeist voraneilende, forstliche Praxis längst theils geahnt, theils erkannt und traditionell auf ihre gegenwärtigen Vertreter übertragen hat.

Die nun folgenden Tabellen geben das feste, absolut trockene Harz an, das sich in einem Kilogramm = 1000 g des absolut trockenen Holzes findet:

## Harzgehalt der Tanne.

100 Jahre alt, im Bestandesschlusse bei München erwachsen.

| Sektion | Südseite: Splint | Spez. Gewicht | Kern | Spez. Gewicht | Nordseite: Splint | Spez. Gewicht | Kern | Spez. Gewicht |
|---|---|---|---|---|---|---|---|---|
| I. 1,5 m ü. Bod. | 9,55 | 39,7 | 19,27 | 40,9 | 8,06 | 43,1 | 8,96 | 39,4 |
| II. 6,6 m | 9,79 | 39,7 | 8,26 | 39,1 | 1,05 | 38,2 | 8,26 | 38,8 |
| III. 11,7 m | 4,46 | 38,1 | 12,99 | 37,7 | 4,88 | 34,8 | 10,72 | 38,8 |
| IV. 16,8 m | 5,28 | 36,8 | 14,48 | 35,8 | 4,68 | 38,8 | 20,98 | 32,5 |
| V. 21,9 m | — | — | — | — | 5,67 | 35,4 | 17,41 | 35,1 |
| VI. 27 m | 7,05 | 41,7 | . | . | 4,27 | 35,0 | . | . |
| Durchschnitt | 7,22 | 39,2 | 13,74 | 38,2 | 4,68 | 36,7 | 13,27 | 35,7 |

Durchschnitt für den ganzen Splint (11 Analysen) = 5,83 g und 37,9 sp. Gew.
" " " Kern ( 9 " ) = 12,13 " " 36,9 " "

Der Splint der untersten Sektion (Wurzelanlauf) besitzt durchschn. 8,80 g Harz,

Der Splint des astlosen Schaftes (II. und III. Sektion) besitzt durchschnittlich 4,91 g Harz,

Der Splint des bekronten Schaftes (IV., V. und VI. Sektion) besitzt durchschnittlich 5,38 g Harz.

1 cbm Splintholz führt etwa 2,2 kg festes Harz und wiegt 379 kg;
1 " Kernholz besitzt 4,5 " " " " " 369 "

Um den Durchschnitt für den ganzen Schaft zu erhalten, darf man bei einem haubaren Baume füglich 1/3 Splint und 2/3 Kern rechnen; so ergiebt sich dann für die ganze haubare, untersuchte Tanne = 10,03 g festes Harz in 1000 g absolut trockenen Holzes und 37,2 g spez. Gew.; 1 cbm (absolut trocken) der untersuchten Tanne enthält 3,7 kg festes Harz und zeigt 372 kg Gewicht.

Die Resultate aus der obigen Tabelle sind in Kürze folgende:

Der Wurzelanlauf ist der harzreichste Theil des Schaftes; das mittlere, das werthvollste Stammstück, ist der harzärmste Theil des Schaftes; von da an aufwärts und abwärts steigt der Harzgehalt; die Südseite ist reicher an Harz als die Nordseite; auf das spezifische Gewicht besitzen im Holze andere Faktoren wie insbesondere die Breite der Sommerholzschichte größeren Einfluß als der Harzgehalt. Obige Tanne zeigt z. B. im Kernholze I. Sektion bei 8,96 g festem Harz ein spezifisches Gewicht von 39,4, bei 20,98 g in der IV. Sektion ein spezifisches Gewicht von nur 32,5; es ist daher nicht richtig, aus der Zunahme des Harzgehaltes allein auf eine Zunahme des spezifischen Gewichtes des betreffenden Holzes und umgekehrt zu schließen.

Der Wurzelanlauf oder Erdstamm besitzt durchschnittlich (1/3 Splint, 2/3 Kern) 12,34 g festes Harz bei 40,6 spez. Gew.

Der astlose Schaft besitzt durchschnittlich (1/3 Splint, 2/3 Kern) 8,34 g festes Harz bei 37,3 spez. Gew.

Der bekronte Schaft besitzt durchschnittlich (1/3 Splint, 2/3 Kern) 13,53 g festes Harz bei 35,0 spez. Gew.

Auffallend hoch ist der Harzgehalt der Tanne, da sie keine Harzgänge besitzt, im Vergleiche mit der Harzgänge führenden Fichte; es sind aber bei der Tanne alle Markstrahlzellen zugleich Parenchymzellen, welche in sich Harz aufspeichern; dieses Plus an Parenchym ist sehr beträchtlich und es verhält sich, wie aus den früheren Ausführungen entnommen werden kann, die Markstrahl-Parenchymmasse der Tanne zu der der Fichte wie 1,8 : 1.

Eine bei **Hamburg** (Kleinflottbeck bei Herrn J. **Booth**) gewachsene **70jährige Tanne** zeigte

im Splinte 13,01 g festes Harz und ein spez. Gew. von 51,2
= Kerne 22,83 = = = = = = = = 37,9

Solch' hohe Zahlen hat unsere Tanne in keinem Alter aufzuweisen; man darf daher den Schluß ziehen, daß **die Tanne im wärmeren Klima eine größere Menge Harz produzirt als im kühleren.**

## Harzgehalt der Fichte.

100 Jahre alt, im Bestandesschlusse in Grafrath bei München gewachsen.

| Sektion | Süd: Splint | Süd: Aeußerer Kern | Süd: Innerer Kern | Süd: Spez. Gew. ganzer Splint | Nord: Splint | Nord: Aeußerer Kern | Nord: Innerer Kern | Nord: Spez. Gew. ganzer Kern |
|---|---|---|---|---|---|---|---|---|
| I. | 16,44 | 12,60 | 18,57 | 41,7 | 14,90 | 19,71 | 16,22 | 52,5 |
| II. | 20,27 | 12,98 | 18,51 | 88,1 | 15,82 | 18,28 | 18,43 | 42,4 |
| III. | 20,88 | 12,04 | 18,29 | 40,0 | 18,59 | 11,22 | 17,25 | 48,3 |
| IV. | 20,88 | 12,98 | 15,29 | 42,8 | 19,57 | 12,87 | 14,40 | 50,1 |
| V. | 28,82 | — | — | 48,0 | 19,61 | — | — | — |
| VI. | 22,54 | — | — | — | 21,04 | — | — | — |
| Durchschn. | 20,64 | 12,64 | 17,67 | 41,1 | 18,26 | 14,26 | 15,82 | 47,1 |
| | | Durchschnitt 15,15 | | | | Durchschnitt 14,79 | | |

Durchschnitt für den ganzen Splint (12 Analysen) = 19,45 g und 41,1 sp. Gew.
= = = äußeren Kern ( 8 = ) = 13,49 = = — = =
= = = inneren = ( 8 = ) = 16,49 = = — = =
= = = ganzen = (16 = ) = 14,98 = = 47,1 = =

Der äußere Kern der untersten Sektion (Wurzelanlauf) besitzt durchschnittlich (2 Analysen) = 16,15 g.

Der äußere Kern des astlosen Schaftes (II. und III. Sektion) besitzt durchschnittlich (4 Analysen) = 12,37 g.

Der äußere Kern des bekronten Schaftes (IV. Sektion) besitzt durchschnittlich (2 Analysen) = 12,90 g.

1 cbm Splintholz führt etwa 8,0 kg festes Harz und wiegt 411 kg;
1 " Kernholz besitzt 7,1 " " " " " 471 "

Nimmt man an, der ganze Schaft besteht aus $^1/_3$ Splint und $^2/_3$ Kern, so ergiebt sich für die untersuchte Fichte 16,88 g festes Harz in 1000 g absolut trockenen Holzes und 45,1 spez. Gewicht; 1 cbm der untersuchten Fichte enthält 7,6 kg festes Harz und wiegt 451 kg.

Auch bei der Fichte ist der Wurzelanlauf der harzreichste Theil des Schaftes, während das mittlere Stammstück das technisch werthvollste, zugleich das harzärmste ist; die Südseite ist harzreicher als die Nordseite des Schaftes; im Kern nimmt der Harzgehalt von Außen nach Innen zu. Auffallender Weise aber erscheint der Splint harzreicher als der Kern; ich verhehle mir nicht, daß hier, obwohl ich dies auch bei anderen Fichten fand, möglicherweise ein Irrthum sich eingeschlichen hat, indem aus dem Fichtensplinte mit dem absoluten Alkohol irgend ein Körper extrahirt wird, der bei Behandlung mit Wasser aus dem Rückstande nicht entfernt werden kann und der den anderen untersuchten Holzarten fehlt.

Von derselben Fichte wurden auch Ast und Wurzel untersucht.

Die Wurzel zeigte oben (horizontal gedacht) im Splinte 38,26 g festes Harz
" " " unten " " " " 18,22 " " "
" " " oben " " " Kerne 147,39 " " "
" " " unten " " " " 120,19 " " "

Durchschnitt für den Splint = 28,24 g festes Harz bei 122 Horizontal-Harzgängen auf 1 qcm Tangentalfläche.

Durchschnitt für den Kern = 133,74 g festes Harz bei 110 Horizontal-Harzgängen auf 1 qcm Tangentalfläche.

Ein noch lebender Ast hatte

oben im Splinte 18,33 g, im Kerne 80,97 g festes Harz
unten " " 16,65 " " " 75,84 " " "

durchschnittl. im Splinte 17,49 g, im Kerne 78,40 g festes Harz.

Oben lagen 96, unten 84 Horizontal-Harzgänge in 1 qcm Tangentalfläche.

An Wurzeln und Aesten ist die obere Holzpartie — die Wurzeln horizontal und im Marke durchschnitten gedacht — harzreicher als die untere, entgegen der bisherigen Annahme, daß das Harz, dem Gesetze der

Schwere folgend, nach unten sickere. Im Ast- und Wurzelholze ist der Kern harzreicher als der Splint.

Der Erdstamm besitzt im Durchschnitte (1/3 Splint, 2/3 Kern) in 1000 g abs. trockenen Holzes 16,40 g festes Harz und 48,9 sp. Gew.

Der astlose Schaft besitzt im Durchschnitte (1/3 Splint, 2/3 Kern) in 1000 g abs. trockenen Holzes 16,01 g festes Harz und 41,2 sp. Gew.

Der bekronte Schaft besitzt im Durchschnitte (1/3 Splint, 2/3 Kern) in 1000 g abs. trockenen Holzes 16,30 g festes Harz und 47,7 sp. Gew.

Die lebenden Aeste besitzen im Durchschnitte (1/3 Splint, 2/3 Kern) in 1000 g abs. trockenen Holzes 58,09 g festes Harz und 56,2 sp. Gew.

Die Wurzeln besitzen im Durchschnitte (1/3 Splint, 2/3 Kern) in 1000 g abs. trockenen Holzes 98,57 g festes Harz und 38,4 sp. Gew.

Hieraus ergiebt sich, daß auch bei der Fichte der astlose Schaft weniger Harz enthält, als irgend ein anderer Holztheil des Baumes; hieran reiht sich das Astholz, während das Wurzelholz am harzreichsten ist.

Zwei aus Norwegen von Herrn Forstinspektor A. Myrhvold s. Z. mir gütigst zugesandte Fichtenstammstücke zeigten:

| | | | | |
|---|---|---|---|---|
| I. | im Splinte 14,39, | äußerer Kern 6,52, | innerer Kern 5,27 g | |
| II. | " " 13,83, | " " 6,26, | " " 6,05 " | |
| durchschn. | im Splinte 14,11, | äußerer Kern 6,39, | innerer Kern 5,66 g | |
| | | | 6,02 g. | |

Im Vergleiche mit der norwegischen ist die deutsche Fichte beträchtlich harzreicher, so daß der Schluß zulässig ist, daß das wärmere Klima überhaupt ein harzreicheres Holz erzeuge als das kühlere.

Vergleicht man mit obigen Zahlen die Angaben, welche Dr. Ulbricht über die Fichte veröffentlicht hat, so berechnet sich aus seinen Zahlen für das Innenholz ein Durchschnitt von 21,66 g festes Harz. Mit dem Innenholze dürfte das als „innerer Kern" bezeichnete Holz identisch sein; nach meinen Untersuchungen hatte die Fichte im inneren Kern durchschnittlich 16,49 g. Da das „Außenholz" von Dr. Ulbricht einen unbestimmbaren Theil des Kernes und das ganze Splintholz umfaßte, so ist eine weitere Parallele der beiderseitigen Untersuchungen nicht möglich. Für das Gesammtholz der Fichte giebt Dr. Ulbricht 20,92 g festes Harz an, während meine Untersuchungen 16,88 g festes Harz ergeben haben.

Wie weit für diese Differenz die Verschiedenheit der Untersuchungsmethoden aufzukommen hat, oder ob — beide Methoden als richtig vorausgesetzt — die Differenz auf Kosten des Klima's (oberbayerische Hochebene und sächsisches Hügelland) zu setzen ist, kann ich nicht sicher entscheiden.

## Harzgehalt der Kiefer.

Kiefer I, 47 Jahre alte Kiefer, auf sandigem Boden in Geisenfeld (Donauthal mit Hopfenbau) gewachsen.

| | Süd | | Nord | |
|---|---|---|---|---|
| Sektion | Splint | Spez. Gew. | Splint | Spez. Gew. |
| I. | 28,97 | 64,6 | 16,67 | 61,1 |
| II. | 19,75 | 50,0 | 15,61 | 51,1 |
| III. | 21,00 | Nord u. Süd 45,5 | — | — |
| Durchschnitt | 21,57 | 58,4 | 17,76 | 52,6 |

Durchschnitt für den ganzen Baum: Splintholz 19,66 g und 54,5 spez. Gewicht.

1 cbm dieser jungen Kiefer (Splintholz) besitzt 10,72 kg festes Harz und wiegt 545 kg.

Die unterste Sektion, der Wurzelanlauf oder der Erdstamm ist wieder am harzreichsten, der Schaft ohne Aeste am harzärmsten; die Südseite ist reicher an Harz als die Nordseite.

Kiefer II, 113 Jahre alt, an gleichem Orte neben Kiefer I gewachsen.

| | Süd. | | | | Nord. | | | |
|---|---|---|---|---|---|---|---|---|
| Sektion | Splint | Spez. Gewicht | Kern | Spez. Gewicht | Splint | Spez. Gewicht | Kern | Spez. Gewicht |
| I. | 44,78 | 57,4 | 74,08 | 52,7 | 41,02 | 48,7 | 68,09 | 51,1 |
| II. | 81,47 | 51,2 | 50,46 | 46,1 | 88,88 | 45,7 | 89,54 | 48,9 |
| III. | 87,05 | 46,8 | 46,29 | 46,8 | 42,29 | 41.0 | 88,22 | 44,4 |
| IV. | 48,60 | 42,1 | 62,48 | 48,0 | 88,45 | 45,1 | 45,06 | 46,6 |
| V. | 89,65 | 44,0 | — | — | 87,88 | 48,1 | — | — |
| Durchschn. | 40,80 | 48,8 | 58,81 | 48,2 | 88,69 | 45,7 | 46,48 | 47,7 |

Durchschnitt für den ganzen Splint 89,50 g und 47,0 spez. Gewicht.
" " " " Kern 52,40 " " 48,0 " "

Der Splint des Wurzelanlaufes (I. Sektion) besitzt durchschn. 42,87 g bei 53,1 spez. Gewicht.

Der Splint des astlosen Schaftes (II. und III. Sektion) besitzt durchschn. 39,88 g bei 46,2 spez. Gewicht.

Der Splint des bekronten Schaftes (IV. und V. Sektion) besitzt durchschn. 39,90 g bei 44,8 spez. Gewicht.

Der Kern des Wurzelanlaufes (I. Sektion) besitzt durchschn. 68,55 g bei 51,9 spez. Gewicht.

Der Kern des astlosen Schaftes (II. und III. Sektion) besitzt durchschn. 43,63 g bei 46,4 spez. Gewicht.

Der Kern des bekronten Schaftes (IV. Sektion) besitzt durchschn. 53,77 g bei 47,3 spez. Gewicht.

1 cbm Splintholz (abs. trocken) führt = 18,6 kg festes Harz und wiegt 470 kg.

1 cbm Kernholz (abs. trocken) führt = 26,6 kg festes Harz und wiegt 480 kg.

Nimmt man für den ganzen Baum wieder $^1/_3$ Splint und $^2/_3$ Kern an, so enthält die untersuchte Kiefer 48,10 g festes Harz in 1000 g des abs. trockenen Holzes bei einem spez. Gewicht von 47,7.

1 cbm der untersuchten Kiefer besitzt 23,3 kg festes Harz und wiegt 477 kg.

Der Wurzelanlauf oder Erdstamm besitzt im Durchschnitt ($^1/_3$ Splint und $^2/_3$ Kern) 52,99 g festes Harz und hat ein spez. Gewicht von 52,3.

Der astlose Schaft besitzt im Durchschnitt ($^1/_3$ Splint und $^2/_3$ Kern) 42,38 g festes Harz und hat ein spez. Gewicht von 46,3.

Der bekronte Schaft besitzt im Durchschnitt ($^1/_3$ Splint und $^2/_3$ Kern) 49,15 g festes Harz und hat ein spez. Gewicht von 46,5.

Auch bei dieser Kiefer ist die Südseite des Schaftes durchweg harzreicher als die Nordseite, der Erdstamm der harzreichste, der astlose Schaft der harzärmste Theil des Baumes; der Kern ist harzreicher als der Splint; der Splint dieser erwachsenen Kiefer enthält beträchtlich mehr Harz als der Splint der jungen Kiefer.

Kiefer III, 235 Jahre alt (Ueberhälter), auf gleichem Boden und in gleicher Lage wie I. und II. gewachsen.

| | Südseite. | | | | | | Nordseite. | | | | | |
|---|---|---|---|---|---|---|---|---|---|---|---|---|
| Sektion | Splint | Spez. Gew. | Aeuß. Kern | Mitt. Kern | Inn. Kern | Spez. Gew. | Splint | Spez. Gew. | Aeuß. Kern | Mitt. Kern | Inn. Kern | Spez. Gew. |
| I. | 80,17 | 54,4 | 40,58 | 44,85 | 40,41 | 59,9 | 84,74 | 45,7 | 55,86 | 58,90 | 97,81 | 56,4 |
| II. | 84,01 | 42,7 | 72,52 | 54,28 | 41,56 | 55,9 | 48,71 | 46,5 | 92,46 | 54,28 | 40,52 | 56,2 |
| III. | 48,86 | 36,0 | 40,58 | 52,85 | — | 45,0 | 34,59 | 35,9 | 41,77 | 48,98 | — | 48,6 |
| IV. | 46,47 | 41,6 | 76,66 | — | — | 48,7 | 89,22 | 41,2 | 56,68 | — | — | 49,0 |
| V. | 82,69 | 42,6 | — | — | — | 50,2 | 80,85 | 41,5 | — | — | — | 52,0 |
| Durchschn. | 87,84 | 48,5 | 57,57 | 50,66 | 40,98 | 51,9 | 87,62 | 42,2 | 61,55 | 52,87 | 68,91 | 52,4 |

Durchschnitt für den ganzen Splint = 87,48 g festes Harz und 42,8 spez. Gewicht
" " " " äußeren Kern = 59,56 " " "
" " " " mittleren " = 51,51 " " "
" " " " inneren " = 54,95 " " "
} durchschnittl. 55,88 g bei 52,2 spez. Gew.

Der Splint des Wurzelanlaufes (I. Sektion) besitzt durchschn. 32,45 g festes Harz und 50,1 spez. Gewicht.

Der Splint des astlosen Schaftes (II. und III. Sektion) besitzt durchschn. 40,17 g festes Harz und 40,3 spez. Gewicht.

Der Splint des bekronten Schaftes (IV. und V.) besitzt durchschn. 37,31 g festes Harz und 41,7 spez. Gewicht.

Der Kern des Wurzelanlaufes (I. Sektion) besitzt durchschn. 55,40 g festes Harz und 58,2 spez. Gewicht.

Der Kern des astlosen Schaftes (II. und III. Sektion) besitzt durchschn. 53,97 g festes Harz und 51,4 spez. Gewicht.

Der Kern des bekronten Schaftes (IV. Sektion) besitzt durchschn. 66,64 g festes Harz und 51,1 spez. Gewicht.

1 cbm Splintholz führt durchschn. 16,0 kg Harz und wiegt 428 kg.
1 „ Kernholz „ „ 29,2 „ „ „ „ 522 „

Der ganze Baum ($^1/_3$ Splint $^2/_3$ Kern) führte in 1000 g abs. trockenen Holzes 49,7 g festes Harz bei einem spez. Gewicht von 47,4.

1 cbm der untersuchten Kiefer führte 23,6 kg festes Harz und wog 497 kg.

Ast (54jährig).

| Oberseite | | | | Unterseite | | | |
|---|---|---|---|---|---|---|---|
| Splint | Spez. Gewicht | Kern | Spez Gewicht | Splint | Spez. Gewicht | Kern | Spez. Gewicht |
| 43,23 | 43,1 | 107,81 | 57,9 | 30,61 | 46,2 | 93,11 | 67,5 |

Durchschnitt für den Splint des Astes: 36,92 g festes Harz und 44,6 spez. Gewicht.
„ „ „ Kern „ „ 100,45 „ „ „ „ 62,7 „ „
„ „ „ ganzen Ast: 79,26 „ „ „ „ 53,7 „ „

Der Kern des Astholzes ist beträchtlich reicher an Harz als der Kern des Schaftes, die Unterseite enthält weniger Harz als die Oberseite.

1 cbm Aeste ohne Kern führt 16,5 kg festes Harz und wiegt 436 kg
1 „ Astholz-Kern „ 62,0 „ „ „ „ „ 627 „
1 „ Astholz „ 46,8 „ „ „ „ „ 567 „

Betrachtet man die Verhältnisse dieser sehr alten Kiefer bis zu ihrem 150. Lebensjahre, wie diese sich in dem mittleren und inneren Kern der I., II. und III. Sektion und in dem äußeren Kern der IV. Sektion ausprägen, so führt

der Erdstamm (Sektion I) in 1000 g absolut trockenen Holzes = 61,62 g festes Harz;

der astlose Schaft (Sektion II und III) in 1000 g absolut trockenen Holzes = 48,77 g festes Harz;

der bekronte Schaft (Sektion IV) in 1000 g absolut trockenen Holzes = 66,64 g festes Harz;

d. h. der Baum verhielt sich bis zum 150. Lebensalter wie die vorhin betrachtete 113jährige Kiefer, nämlich der astlose Schaft ist der harzärmste Theil des ganzen Schaftes.

Von diesem Zeitpunkte an macht sich jedoch eine Aenderung bemerkbar, derart, daß als der harzreichste Theil nunmehr gerade jener erscheint, der bisher der harzärmste war, nämlich der astlose Schaft; es führt dieser nämlich im Splinte . . . . . . 40,17 g festes Harz,
während der Erdstamm „ „ . . . . . . . 32,45 g „ „
der bekronte Schaft „ „ . . . . . . 37,31 „ „ „
aufweist.

Der Kern des astlosen Schaftes enthält 61,82 g festes Harz,
„ „ „ Erdstammes „ 47,97 „ „ „
das ist genau das umgekehrte Verhältniß, wie es vor dem 150. Lebensjahre erscheint. Daraus ergiebt sich ferner, daß im haubaren Alter der Kiefer der Harzgehalt im Kerne von Innen nach Außen, d. h. von dem in den jüngeren Jahren gebildeten zu dem später produzirten Kerne zunimmt, während im doppelt haubaren Alter der Harzgehalt nur im astlosen und bekronten Schafte noch weiter nach Außen zunimmt, im Erdstamme dagegen abnimmt.

Ob alle übergehaltenen oder längere Zeit freigestellten Nadelhölzer sich so verhalten, daß die Freistellung vorzugsweise den Harzgehalt im werthvollsten, im astlosen Schafttheile fördert, können nur Untersuchungen im größeren Umfange endgültig entscheiden.

Stellt man die drei auf demselben Standorte erwachsenen Föhren hinsichtlich ihres Harzgehaltes in Parallele, so führt

1 cbm der jungen, kernlosen, 47jährigen Föhre 10,7 kg festes Harz und wiegt 545 kg;

1 cbm der haubaren, 113jährigen Föhre 23,3 kg festes Harz und wiegt 477 kg;

1 cbm der doppelt haubaren, 235jährigen Föhre 23,6 kg festes Harz und wiegt 497 kg.

Daß bis zum haubaren Alter der Harzgehalt im Baume überhaupt zunimmt, steht außer allem Zweifel; vom haubaren zum doppelt haubaren Alter zeigt die untersuchte Kiefer eine nur sehr mäßige Steigerung an Harz; wie weit aber daran die individuellen Schwankungen Schuld tragen, das könnten nur die Untersuchungen zahlreicher Stämme darthun, eine Aufgabe, die nur durch das Zusammenwirken mehrerer gelöst werden kann.

Eine bei Hamburg (Kleinflottbeck) gewachsene Kiefer, 85jährig, zeigte
im Splinte 19,80 g festes Harz und ein spez. Gew. von 42,9,
„ Kerne 47,49 „ „ „ „ „ „ „ „ 51,9.

Eine in Norwegen gewachsene, von Herrn Myrhvold gütigst mir zugesandte Scheibe aus dem astlosen Schafte einer 110 Jahre alten Kiefer zeigte

im Splinte 21,52 g, spez. Gew. 39,1; 1 cbm des Splintes enthielt 8,6 kg Harz und wog 391 kg, im Kerne 25,63 g, spez. Gew. 41,3; 1 cbm des Kernes enthielt 10,6 kg Harz und wog 413 kg,

1 cbm des astlosen Schaftes (1/3 Splint, 2/3 Kern) enthielt 9,9 kg Harz und wog 40,2 kg;

die norwegische Kiefer blieb somit so beträchtlich hinter der deutschen Kiefer zurück, daß individuellen Schwankungen diese Differenz nicht zugeschrieben werden kann; es zeigt sich vielmehr, daß auch bei der Kiefer das wärmere Klima das harzreichere Holz erzeugt.

In meinen „Waldungen von Nordamerika“ habe ich Seite 212 bis 214 ausführliche Angaben über den Harzgehalt der nordamerikanischen Rothkiefer, Pinus resinosa, gebracht; der Baum hatte im Durchschnitt

für den ganzen Splint 30,47 g bei 37,9 spez. Gewicht,
= = = Kern 58,75 = = 40,9 = =

1 cbm des Splintes der nordamerikanischen Kiefer enthielt 11,5 kg festes Harz und wog 379 kg,

1 cbm des Kernes der nordamerikanischen Kiefer enthielt 24,0 kg festes Harz und wog 409 kg,

1 cbm des Baumes der nordamerikanischen Kiefer enthielt 19,8 kg festes Harz und wog 399 kg.

Es erscheint demnach die deutsche Rothkiefer der nordamerikanischen im Harzgehalt und spezifischen Gewicht überlegen.

### Harzgehalt der Hackenkiefer, Pinus uncinnata.

100 Jahre alt, 23,5 cm Brusthöhendurchmesser, 950 m über dem Meere, Alpen.

| Sektion | Splint | Spez. Gewicht | Kern | Spez. Gewicht |
|---|---|---|---|---|
| I. | 19,34 | 58,4 | 31,95 | 55,3 |
| II. | 18,43 | 49,3 | 29,01 | 46,1 |
| Durchschn. | 18,88 | 53,8 | 30,48 | 50,7 |

Die I. Sektion, der Erdstamm, ist harzreicher, als der astlose Schaft (II. Sektion); der ganze Baum enthält im Durchschnitt 26,45 g festes Harz in 1000 g des absolut trockenen Holzes;

1 cbm Splintholz enthält 9,9 kg festes Harz und wiegt 538 kg,
1 = Kernholz = 15,3 = = = = = 507 =
1 = des ganzen Baumes = 13,5 = = = = = 517 =

Diese im kühlen Hochgebirgsklima erwachsene Hackenkiefer besitzt kaum die Hälfte des Harzes der im warmen Klima gewachsenen gemeinen Kiefer, erreicht aber letztere hinsichtlich ihres spezifischen Gewichtes.

## Harzgehalt der Weymouthskiefer.

Vermöge ihres Bürgerrechtes in den deutschen Waldungen verdient die Weymouthskiefer, Pinus Strobus, eine genaue Analyse ihres Harzgehaltes, zumal, da auf den höheren Harzgehalt dieses Baumes im höheren Alter die Praxis ihre Hoffnungen setzt. Eine bei Ansbach auf sandigem Lehmboden gewachsene 85jährige Weymouthskiefer, welche mir durch die Güte des Herrn Forstmeisters Sauer 1884 zugesandt wurde, hatte in 1000 g des absolut trockenen Holzes:

| | Südseite | | | | | | | | Nordseite | | | | | | | |
|---|---|---|---|---|---|---|---|---|---|---|---|---|---|---|---|---|
| Sektion | Splint | Spez. Gew. | Aeußerer Kern | Spez. Gew. | Mittlerer Kern | Spez. Gew. | Innerer Kern | Spez. Gew. | Splint | Spez. Gew. | Aeußerer Kern | Spez. Gew. | Mittlerer Kern | Spez. Gew. | Innerer Kern | Spez. Gew. |
| I. | 39,81 | 37,6 | 141,10 | 37,5 | 90,19 | 36,8 | 87,95 | 33,2 | 34,05 | 37,7 | 119,48 | 38,3 | 82,50 | 38,8 | 65,44 | 34,9 |
| II. | 36,67 | 32,9 | 76,05 | 32,8 | 68,32 | 35,4 | 51,35 | 36,7 | 24,06 | 35,5 | 52,05 | 33,1 | 51,14 | 34,1 | 47,97 | 34,6 |
| III. | 43,27 | 33,5 | 58,42 | 35,0 | 57,88 | 38,6 | — | — | 36,48 | 35,1 | 50,45 | 40,2 | 47,70 | 32,2 | — | — |
| IV. | 42,94 | 34,1 | 60,99 | 35,8 | 53,64 | 35,7 | — | — | 40,42 | 38,5 | 60,55 | 36,8 | 47,21 | 36,7 | — | — |
| V. | 34,26 | 37,7 | 56,98 | 42,5 | — | — | — | — | 31,60 | 39,2 | 58,72 | 40,1 | — | — | — | — |
| VI. | 38,37 | — | 59,86 | — | — | — | — | — | 27,14 | — | 76,29 | — | — | — | — | — |
| Durchschnitt | 39,22 | 35,2 | 74,47 | 36,7 | 67,51 | 36,6 | 69,65 | 34,9 | 32,12 | 37,2 | 68,76 | 37,7 | 57,13 | 35,8 | 56,75 | 34,8 |

Südseite: Durchschn. = 71,47 g u. 36,4 spez. Gew. Nordseite: Durchschn. 62,87 g u. 36,8 spez. Gew.

Durchschnitt für den ganzen Splint = 35,67 g und 36,2 spez. Gew.
" " " äußeren Kern = 71,74 " " 37,2 " "
" " " mittleren " = 62,32 " " 36,0 " "
" " " inneren " = 63,18 " " 34,9 " "
} durchschnittl. 67,04 g und 36,8 spez. Gew.

Der Splint des Wurzelanlaufes (I. Sektion) besitzt durchschnittlich 36,93 g festes Harz und 37,7 spez. Gewicht.

Der Splint des astlosen Schaftes (II. u. III. Sektion) besitzt durchschnittlich 35,12 g festes Harz und 34,3 spez. Gewicht.

Der Splint des bekronten Schaftes (IV., V. u. VI. Sektion) besitzt durchschnittlich 35,79 g festes Harz und 37,1 spez. Gewicht.

Der Kern des Erdstammes (I. Sektion) besitzt durchschnittlich 97,59 g festes Harz und 34,7 spez Gewicht.

Der Kern des astlosen Schaftes (II. u. III. Sektion) besitzt durchschnittlich 55,63 g festes Harz und 34,3 spez. Gewicht.

Der Kern des bekronten Schaftes (IV., V. u. VI. Sektion) besitzt durchschnittlich 58,64 g festes Harz und 36,3 spez. Gewicht.

1 cbm Splintholz führt durchschnittlich 12,9 kg festes Harz und wiegt 362 kg.

1 cbm Kernholz führt durchschnittlich 24,3 kg festes Harz und wiegt 363 kg.

Der ganze Baum (1/3 Splint, 2/3 Kern) in 1000 g absolut trockenen Holzes 56,58 g festes Harz bei einem spez. Gewicht von 36,3.

1 cbm der untersuchten Weymouthskiefer führt 20,5 g und wiegt 363 kg.

Der Erdstamm (1/3 Splint, 2/3 Kern) führt in 1000 g absolut trockenen Holzes 77,37 g festes Harz bei einem spez. Gewichte von 35,7.

Der astlose Schaft (1/3 Splint, 2/3 Kern) führt in 1000 g ablsolut trockenen Holzes 48,79 g festes Harz bei einem spez. Gewicht von 34,3.

Der bekronte Schaft (1/3 Splint, 2/3 Kern) führt in 1000 g absolut trockenen Holzes 51,02 g festes Harz bei einem spez. Gewichte von 36,5.

Weymouthskiefer, gefällt 1885 in Wiskonsin (Nordamerika) auf sandigem Lehm.

Alter 188 Jahre.

| Sektion | Südseite. | | | | | | | | Nordseite. | | | | | | | |
|---|---|---|---|---|---|---|---|---|---|---|---|---|---|---|---|---|
| | Splint | Spez. Gew. | Aeußerer Kern | Spez. Gew. | Mittlerer Kern | Spez. Gew. | Innerer Kern | Spez. Gew. | Splint | Spez. Gew. | Aeußerer Kern | Spez. Gew. | Mittlerer Kern | Spez. Gew. | Innerer Kern | Spez. Gew. |
| I. | 61,69 | 40,3 | 104,84 | 40,7 | 98,30 | 40,6 | 102,29 | 37,0 | 47,08 | 38,5 | 133,42 | 40,0 | 126,54 | 40,7 | 65,26 | 39,4 |
| II. | 46,75 | 40,0 | 70,33 | 40,0 | 54.36 | 37,2 | — | — | 45,00 | 40,5 | 54,23 | 39,5 | 51,12 | 37,7 | 72,34 | 34,2 |
| III. | 54,83 | 40,9 | 69,57 | 39,3 | 77,27 | 39,9 | — | — | 53,50 | 39,4 | 69,57 | 36,6 | 64,59 | 34,5 | — | — |
| IV. | 54.54 | 37.4 | 63,27 | 36,2 | — | — | — | — | 53,54 | 33,5 | 60.00 | 34,6 | — | — | — | — |
| Durchschnitt | 54,45 | 39,6 | 77,00 | 39,0 | 76,74 | 39,2 | 102,29 | 37,0 | 49,78 | 38,0 | 79,30 | 37,7 | 80,75 | 37,6 | 68,80 | 36,8 |

Durchschn. = 80,08 g u. 88,9 spez. Gew. Durchschn. = 77,45 g u. 87,5 g spez. Gew.

Durchschnitt für den ganzen Splint = 52,12 g festes Harz u. 88,8 spez. Gew.
" " " äußeren Kern = 78,15 " " " " 87,1 " "
" " " mittleren " = 78,69 " " " " 88,4 " "
" " " inneren " = 79,96 " " " " 86,9 " "
} durchschn. 78,66 g festes Harz und 87,5 spez. Gew.

Der Splint des Erdstammes (I. Sektion) besitzt durchschnittlich 54,39 g und 39,4 spez. Gewicht.

Der Splint des astlosen Schaftes (II. Sektion) besitzt durchschnittlich 45,87 g und 40,3 spez. Gewicht.

Der Splint des bekronten Schaftes (III. u. IV. Sektion) besitzt durchschnittlich 54,10 g und 37,8 spez. Gewicht.

Der Kern des Erdstammes besitzt durchschnittlich 105,11 g und 39,7 spez. Gewicht.

Der Kern des astlosen Schaftes besitzt durchschnittlich 60,48 g und 37,7 spez. Gewicht.

Der Kern des bekronten Schaftes besitzt durchschnittlich 67,38 g und 36,9 spez. Gewicht.

1 cbm Splintholz besitzt durchschnittlich 20,2 kg festes Harz bei 388 kg Gewicht.

1 cbm Kernholz besitzt durchschnittlich 29,5 kg festes Harz bei 375 kg Gewicht.

Der ganze Baum führt (1/3 Splint und 2/3 Kern) in 1 kg absolut trockenen Holzes 69,82 g festes Harz bei einem spez. Gewicht von 37,9.

1 cbm der untersuchten nordamerikanischen Weymouthskiefer enthält 26,5 kg festes Harz und wiegt 379 kg.

Diese beiden Kiefern gehen, was die Gesetze der Harzvertheilung betrifft, mit den deutschen Kiefern ganz parallel; die Südseite ist harzreicher als die Nordseite, der Erdstamm ist der harzreichste Theil des Schaftes; auf einem Querschnitte durch den Schaft nimmt im Kerne von innen nach außen der Harzgehalt zu, während der Splint stets ärmer an festem Harze erscheint, als der Kern.

Vergleicht man aber die beiden Weymouthskiefern unter sich, so fällt die Thatsache auf, daß bei einer geringen Differenz im spezifischen Gewichte zu Gunsten der in Nordamerika erwachsenen Kiefer der Harzgehalt ziemlich beträchtliche Differenzen aufweist, nämlich:

1 cbm Splintholz der in Nordamerika gewachsenen Kiefer führt 20,2 kg Harz und Gewicht 388 kg,

1 cbm Splintholz der in Süddeutschland gewachsenen Kiefer führt 12,9 kg Harz und Gewicht 362 kg,

1 cbm Kernholz der in Süddeutschland gewachsenen Kiefer führt 24,3 kg Harz und Gewicht 363 kg,

1 cbm Kernholz der in Nordamerika gewachsenen Kiefer führt 29,5 kg Harz und Gewicht 375 kg.

Die Differenz im Kerne beträgt pro Kubikmeter 5,2 kg Harz und 12 kg Gewicht, im Splinte 7,3 kg Harz und 26 kg Gewicht. Es dürfte sich daraus folgern lassen, daß die Differenz im Harzgehalte und spezifischem Gewicht mit dem höheren Alter des Baumes noch steigt, und zwar zu Ungunsten der in Deutschland aufwachsenden Weymouthskiefer, so daß die deutsche Weymouthskiefer in ihrem Harzgehalte stets, wegen der geringeren Sommerwärme, hinter der amerikanischen zurückbleiben wird. Die Kernstücke beider Kiefern sind in annähernd gleichem Alter gebildet worden, denn der Splint der nordamerikanischen Kiefer besitzt eine zwei- bis dreimal größere Breite, als jener der in Deutschland aufgewachsenen Kiefer. Dieses Plus an Kernholzgehalt von Seite der deutschen Weymouthskiefer kommt aber kaum in Betracht, da es sich bei der Verwendung des Weymouthskiefernholzes nicht um die Dauer handelt; weder bei uns in Deutschland, noch in Amerika besitzt das Weymouthskiefernholz eine bemerkenswerthe Dauer, was aber den hohen Gebrauchswerth des Holzes in Nordamerika nicht im Geringsten beeinträchtigt, da dieser nicht darauf beruht; es sind vielmehr neben der Dimension die Leichtigkeit und leichte Bearbeitungsfähigkeit (spröde nicht zähe Faser), die es für zersägtes Holz, Bauholz, Bretter, Latten, Füllholz und Kisten besonders geeignet machen. Daß zu letzterem Zwecke möglichst leichtes Holz das Beste ist, liegt auf der Hand. Nur für diese Zwecke allein können wir das Weymouthskiefernholz auch in Deutschland und zwar besser als die einheimischen Nadelhölzer gebrauchen. Es bedarf aber hoher Umtriebszeiten — die in Amerika genützten Stämme sind durchweg 150 bis 200 Jahre alt — nicht, um den Harzgehalt im Baume zu steigern, dieser ist ja ohnehin schon so groß, wie der der besten einheimischen Rothkiefer, sondern um massive und vollholzige Schnittwaare zu erzielen

Eine aus Oesterreich von Prof. Dr. Wilhelm gütigst zugesandte Scheibe einer dortigen Weymouthskiefer hatte

| | | |
|---|---|---|
| im Splinte einen Harzgehalt von | 53,35 g | Durchschn. 98,61 g festes Harz. |
| = äußeren Kerne = = | 130,67 = | |
| = inneren = = = | 56,55 = | |

Offenbar war die Scheibe nahe der Abschnittsfläche des Baumes über dem Boden, mithin aus der Erdstammpartie, entnommen worden.

Zur Zeit als ich das erste Mal die nordamerikanischen Waldungen durchmusterte (1885) war mir ganz besonders das Studium der Pechkiefer, Pinus rigida, als der vermeintlichen Erzeugerin des Pitch Pine-Holzes an's Herz gelegt worden; es stand damals in Bayern wie in Norddeutschland diese Holzart in der ersten Anbauklasse an der Spitze der Anbauwürdigen und der Anbau selbst war im größten Umfange eingeleitet worden. Nachdem aber auf Grund meiner Untersuchungen in Nordamerika der Anbau der Pechkiefer, im Binnenlande Bayern wenigstens, fast ganz eingestellt wurde, habe ich es unterlassen, die mit vielen Mühen in Nordamerika gesammelten Stücke der Pechkiefer auf ihren Harzgehalt zu untersuchen.

Ich erwähne hier, daß die Pechkiefer diesen Namen nur durch den Vergleich mit der Weymouthskiefer erhielt und insofern auch verdient, als bei der Fällung oder Verwundung der Pechkiefer aus ihrem Holze reichlicher Harz ausströmt als dies bei der Weymouthskiefer der Fall ist.

Die langnadelige Kiefer der Südstaaten der Union, Pinus australis, ist es, deren Holz nach Deutschland unter dem Namen Pitch Pine-Holz kommt und das als ganz hervorragend harzreich und dauerhaft gilt; diese, in Deutschland natürlich nirgends anbaufähige Kiefer zeigt im Durchschnitte (vier verschiedenen Stämmen entnommene Stücke wurden untersucht)

| | | |
|---|---|---|
| im Splinte | 26,50 g festes Harz, bei einem spez. Gew. von | 60 |
| = Kern | 110,90 = = = = = = = = | 75. |

Mithin führt 1 cbm des Splintes 15,9 kg Harz und wiegt 600 kg
1 = = Kernes 83,7 = = = = 750 =
1 = = astlosen Schaftes 61,1 kg festes Harz und wiegt 700 kg.

Einen so hohen Harzgehalt besitzt keine deutsche und wie es scheint auch keine andere nordamerikanische Kiefer; auffallender aber als der Harzgehalt ist das außerordentliche Gewicht, das in der Breite der Sommerholzzone seine Begründung findet und zugleich ein Maßstab für die Härte ist, welche über den Gebrauchswerth dieses Holzes zu Fußböden entscheidet.

## Harzgehalt der Lärche.

80 Jahre alt, bei Grafrath bei München erwachsen.

| Sektion | Süd: Splint | Süd: Aeußerer Kern | Süd: Innerer Kern | Nord: Splint | Nord: Aeußerer Kern | Nord: Innerer Kern | Spez. Gew. Splint | Spez. Gew. Kern |
|---|---|---|---|---|---|---|---|---|
| I. | 88,16 | 65,58 | 44,85 | 45,81 | 67,05 | 58,27 | 59,1 | 64,8 |
| II. | 12,96 | 44,50 | 80,70 | 15,76 | 47,50 | 84,20 | 59,8 | 49,5 |
| III. | 18,25 | 40,59 | 42,17 | 16,01 | 48,91 | 82,58 | 59,9 | 52,4 |
| IV. | 20,88 | 54,51 | — | 18,62 | 88,64 | — | 61,8 | 58,8 |
| V. | 19,41 | 49,56 | — | 16,22 | 40,74 | — | 58,6 | 55,1 |
| VI. | 89,67 | 50,55 | — | 85,06 | 58,06 | — | — | .— |
| Durchschn. | 24,81 | 50,87 | 89,24 | 24,58 | 50,15 | 40,00 | 59,7 | 55,9 |
| | | Durchschn. 47.00 | | | Durchschn. 45,77 | | | |

Durchschnitt für den ganzen Splint 24,69 g festes Harz und 59,7 spez. Gew.
= = = = Kern 45,88 = = = = 55,9 = =

Der Splint des Erdstammes (I. Sektion) besitzt durchschnittlich 41,98 g festes Harz und 59,1 spez. Gew.

Der Splint des astlosen Schaftes (II. und III. Sektion) besitzt durchschnittlich 15,74 g festes Harz und 59,9 spez. Gew.

Der Splint des bekronten Schaftes (IV., V. und VI. Sektion) besitzt durchschnittlich 24,89 g festes Harz und 60,0 spez. Gew.

Der Kern des Erdstammes besitzt durchschnittlich 57,67 g festes Harz und 64,3 spez. Gew.

Der Kern des astlosen Schaftes besitzt durchschnittlich 40,14 g festes Harz und 50,9 spez. Gew.

Der Kern des bekronten Schaftes besitzt durchschnittlich 48,68 g festes Harz und 56,7 spez. Gew.

Der ganze Baum (1/3 Splint, 2/3 Kern) führt in 1 kg des absolut trockenen Holzes 41,90 g festes Harz bei 57,2 spez. Gew.

1 cbm Splintholz enthält 14,8 kg festes Harz und wiegt 597 kg.
1 „ Kernholz „ 28,2 „ „ „ „ „ 559 „
1 „ der untersuchten Lärche enthält 24,0 kg festes Harz und wiegt 572 kg.

Ein 40 Jahre alter Ast derselben Lärche zeigte:

Oberseite:

Splint 20,82 g festes Harz.
Kern 57,97 „ „ „

Unterseite:

Splint 25,94 g festes Harz, spez. Gew. für beide Seiten 42,6.
Kern 50,72 „ „ „ „ „ „ „ „ 82,2.

Durchschnitt für den Splint 23,38 g festes Harz und 42,6 spez. Gew.
„ „ „ Kern 54,32 „ „ „ „ 82,2 „ „

1000 g des absolut trockenen Astes (1/3 Splint, 2/3 Kern) enthalten 44,0 g festes Harz bei einem spez. Gew. von 69,0.

1 cbm des Ast-Splintholzes enthält 10,0 kg festes Harz und wiegt 426 kg
1 „ „ Ast-Kernholzes „ 44,6 „ „ „ „ „ 822 „
1 „ „ ganzen Astes „ 33,1 „ „ „ „ „ 690 „

Eine 70 Jahre alte Wurzel derselben Lärche zeigt:

Oberseite:

Splint 23,32 g festes Harz.
Kern 81,24 „ „ „

Unterseite:

Splint 20,39 g festes Harz, spez. Gew. für beide Seiten 34,8.
Kern 71,95 „ „ „ „ „ „ „ „ 43,2.

Durchschnitt für den Splint 21,85 g festes Harz und 34,8 spez. Gew.
„ „ „ Kern 76,60 „ „ „ „ 43,2 „ „

1000 g der absolut trockenen Wurzel (1/3 Splint, 2/3 Kern) enthalten 58,35 g festes Harz bei einem spez. Gew. von 40,4.

1 cbm des Wurzel-Splintholzes enthält 7,6 kg festes Harz und wiegt 348 kg
1 „ „ Wurzel-Kernholzes „ 30,9 „ „ „ „ „ 432 „
1 „ der ganzen Wurzel „ 23,1 „ „ „ „ „ 404 „

Eine an gleichem Orte wie die eben betrachtete Lärche gewachsene 15 Jahre alte Lärche zeigte:

| | Süd | Nord | |
|---|---|---|---|
| Sektion | Splint | Splint | Spez. Gewicht |
| I. | 52,85 | 41,68 | 59,5 |
| II. | 85,99 | 86,94 | 58,8 |
| III. | 28,84 | 24,08 | 58,1 |
| Durchschn. | 87,89 | 84,28 | 55,5 |

Durchschnitt 35,81 g festes Harz.

In 1000 g des absolut trockenen Splintholzes dieser jungen Lärche sind demnach 35,81 g festen Harzes bei einem spez. Gew. von 55,5; 1 cbm absolut trockenen Baumes berechnet sich auf einen Harzgehalt von 19,9 kg und ein Gewicht von 555 kg.

Eine im kühleren Klima, in Tyrol bei 1000 m Erhebung gewachsene Lärche[1]) zeigte im Erdstamme, dem eine Scheibe entnommen wurde:

| Engringige Seite | | | | | | Breitringige Seite | | | | | |
|---|---|---|---|---|---|---|---|---|---|---|---|
| Splint | Spez. Gewicht | Aeußerer Kern | Spez. Gewicht | Innerer Kern | Spez. Gewicht | Splint | Spez. Gewicht | Aeußerer Kern | Spez. Gewicht | Innerer Kern | Spez. Gewicht |
| 19,88 | — | 89,56 | — | 22,81 | — | 11,40 | — | 28,17 | — | 20,10 | — |

Durchschn. für den Splint = 15,61 g fest. Harz u. 50,5 spez. Gew.
" für den äußeren Kern = 88,86 " " " " 74,9 " " } Durchschnitt = 27,28 g
" " " inneren " = 21,20 " " " " 62,8 " " } fest. Harz u. 68,6 spez. Gew.

Eine 80 Jahrringe zeigende Scheibe einer in dem milderen Klima bei Hamburg gewachsenen Lärche (astloser Schaft) hatte:

Im Splinte 16,23 g festes Harz bei einem spez. Gew. von . . . . . . . . . . . . . . . . . 40,0
Im äußeren Kern 72,72 g festes Harz bei einem spez. Gew. von . . . . . . . . . . . . . . . 55,5
Im mittleren Kern 41,06 g festes Harz bei einem spez. Gew. von . . . . . . . . . . . . . . . 51,4
Im inneren Kern 37,02 g festes Harz bei einem spez. Gew. von . . . . . . . . . . . . . . . 41,5
} Durchschnitt 50,27 g festes Harz und 49,5 spez. Gew.

In 1000 g der Lärche (astloser Schaft) sind 38,92 g festes Harz bei einem spez. von 46,0.

1 cbm des Splintholzes führte 6,5 kg festes Harz und wog 400 kg,
1 " " Kernholzes " 24,9 " " " " " 495 "
1 " " Schaftes " 18,8 " " " " " 463 "

Um den Harzgehalt der Rinde der Lärche festzustellen, wurden zwei Analysen vorgenommen, nämlich der glatten Rinde (Epidermisbekleidung) des obersten Schafttheiles und der Borke. Erstere zeigte in 1000 g der absolut trockenen Masse 9,06 g festes Harz und ein spezifisches Gewicht von 79,5.

1 cbm glatte Lärchenrinde führt somit 7,2 kg festes Harz und wiegt 795 kg.

Die Borke enthielt 29,11 g festes Harz und hatte ein spez. Gew. von 33,5.

1 cbm Lärchenborke enthält demnach 9,7 kg festes Harz und wiegt 335 kg.

[1]) Von Professor Hartig s. Z. gesammelt; spezifische Gewichte seinem Werke „Das Holz der deutschen Nadelwaldbäume“ entnommen.

Durch die Behandlung mit Wasser lösten sich bei den Analysen der großen Lärche von Grafrath:

bei der glatten Rinde 56 % (Gehalt an Zucker, Gerbstoff), Harz = 44 % der extrahirten Masse,

bei dem Splintholz 31,4 % (Zucker, Gerbstoff), Harz = 68,6 % der extrahirten Masse,

bei der Borke 12,5 % (Zucker, Gerbstoff), Harz = 87,5 % der extrahirten Masse,

bei dem Kerne 4,5 % (Zucker, Gerbstoff), Harz = 95,5 % der extrahirten Masse.

Will man die eben betrachteten Lärchen unter sich vergleichen, so kann man für die alte Lärche von Grafrath bei München nur den „astlosen Schaft" in die Parallele einstellen; man erhält dann für

den astlosen Schaft der bei Hamburg in mildem Küstenklima gewachsenen Lärche 38,92 g festes Harz in 1000 g absolut trockenen Holzes,

den astlosen Schaft der bei München 530 m über dem Meere gewachsenen Lärche 32 g festes Harz in 1000 g absolut trockenen Holzes,

den astlosen Schaft der in Nord-Tyrol 950 m über dem Meere gewachsenen Lärche 23,40 g festes Harz in 1000 g absolut trockenen Holzes.

Die bezüglichen spezifischen Gewichte sind 46,0, 53,9, 62,6.

Für kleinere Gebiete, für das Land von den Centralalpen bis zur Nordsee, dürfte somit der Satz Geltung haben, daß mit der Elevation über dem Meere der Harzgehalt der Lärche (und wohl aller Nadelhölzer) abnimmt, da mit der Elevation eine Abnahme der Sommertemperatur (wegen der Zunahme der Regentage), welche für den Harzgehalt entscheidend ist, parallel geht.

Umgekehrt dagegen verhalten sich die spezifischen Gewichte, da mit der Annäherung an die höheren Elevationen — etwa bis zu 1000 m in den Nordalpen — die Lärche ihrer wahren klimatischen Heimath (kurzer Frühling und größere Luftfeuchtigkeit), in der sie natürlich ihr Optimum erreicht, sich nähert.

Die Lärche verhält sich mit den übrigen Nadelhölzern, was die Harzvertheilung im Schafte betrifft, konform; der astlose Schaft erscheint als der harzärmste Holztheil des ganzen Baumes, gradatim reihen sich an der bekronte Schaft, die Aeste, der Erdstamm und das Wurzelholz, welches, wie bei der Fichte und wohl bei allen Nadelhölzern, als der harzreichste Holztheil des Baumes erscheint, obwohl es hinsichtlich des spezifischen Gewichtes und der damit parallelen Eigenschaften als der geringwerthigste Holztheil des Baumes erscheint. Die Borke steht im Harzgehalte hinter dem astlosen Schaftholze;

die glatte Rinde endlich ist der harzärmste Theil des Baumes überhaupt. Die darauf bezüglichen Zahlen sind folgende:

| | Harzgehalt (festes Harz) in 1000 g | Spez. Gew. |
|---|---|---|
| Glatte Rinde . . . | 9,06 g | 79,5 |
| Borke . . . . . . . | 29,11 = | 33,5 |
| astloser Schaft . . . | 32,90 = | 53,9 |
| bekronter Schaft . . | 40,75 = | 57,8 |
| Aeste . . . . . . . | 44,00 = | **69,0** |
| Erdstamm . . . . | 49,11 = | 62,6 |
| Wurzel . . . . . . | **58,35** = | 40,4 |

Bemerkenswerth ist, daß im ganzen Schafte der astlose Theil, der technisch werthvollste, das niederste, der Erdstamm dagegen das technisch werthloseste Stück (da es zum Theil entweder als Stock im Boden verbleibt oder Brennholz ist) das höchste spezifische Gewicht besitzt. Es reihen sich nämlich nach dem spezifischen Gewicht die einzelnen Baumtheile der Lärche folgendermaßen aneinander:

| | |
|---|---|
| Glatte Rinde . . | = 79,5 |
| Aeste . . . . . . | = 69,0 |
| Erdstamm . . . | = 62,6 |
| bekronter Schaft . | = 57,8 |
| astloser Schaft . . | = 53,9 |
| Wurzel . . . . | = 40,4 |
| Borke . . . . . | = 33,5. |

Die Douglasia oder Douglastanne[1]) (Pseudotsuga Douglasii) ist im besten Zuge ein deutscher Waldbaum zu werden; jeder Forstmann kennt sie und lernt sie mehr und mehr schätzen; mehrfache Zeugnisse aus der Praxis beweisen, daß die Zahl der Mißerfolge bei der Aufzucht ständig abnimmt, je mehr man die Ansprüche der Holzart an Boden und Luftfeuchtigkeit, an Temperatur und Erziehungsweise berücksichtigt. In dieser Hinsicht können die zuverlässigsten Anhaltspunkte nur durch ein Studium der Holzart in ihrer Heimath gewonnen werden, und habe ich meine darauf bezüglichen Studien in meinem Buche „Die Waldungen von Nord-Amerika" niedergelegt, wo ich den Namen „Douglasia" an Stelle des im Grunde nicht richtigen Wortes Douglastanne vorschlug; ich acceptire aber den Namen Douglastanne, weil so viele praktische Forstwirthe denselben anwenden, um so lieber, als diese in erster Linie berufen sind, über den Werth der in meinen „Waldungen" gegebenen Winke auf Grund ihrer Versuche im Walde zu urtheilen.

[1]) Ich bemerke hier, daß es nicht angeht, Eigennamen, wie Weymouth, Douglas, zu germanisiren, indem man das „o" wegläßt; beide Namen sind schon genügend deutsch gemacht durch unsere deutsche Aussprache der englischen Worte.

Ich möchte aber eines hier nochmals wiederholen, im Gegensatze zu den optimistischen Anpreisungen der Holzart in der anschwellenden Literatur, daß man im Anbau der Douglastanne nur mäßig vorgehe und daß man den Baum in Norddeutschland nur in den Küstenwaldungen, in Mittel- und Süddeutschland nur in der Bergwaldregion, nicht aber in den waldarmen, hohen Extremen in Temperatur und Feuchtigkeit ausgesetzten Thälern anbaue. Das üppige Gedeihen dieser Holzart — auch die Lawson's Cypresse, die Sitkafichte, die Thuja gigantea verhalten sich ebenso — in den ersten Jahrzehnten giebt nicht die geringste Gewähr dafür, daß der Baum in Deutschland auch ein forstlicher Nutzbaum werden wird; ich erinnere daran, daß das älteste Exemplar in Deutschland, das 52 Jahre erreichte und bei Hamburg stand, also in einem Gebiete, das klimatisch am meisten dem heimathlichen Standorte der Douglastanne parallel ist, nur 16,2 m Höhe erreichte, jeglichen Höhenzuwachs einbüßte und gefällt wurde. Ich erinnere ferner an das üppige Wachsthum, welches unsere Holzarten zeigen, wenn sie nach Ostamerika verpflanzt werden. Sie eilen 30 ja 40 Jahre lang den ostamerikanischen Nadelhölzern voran, um dann ihr Höhenwachsthum zu sistiren und in Zapfenerträgniß, Flechtenansatz und Zuwachslosigkeit allmählich abzusterben, ehe sie forstlich brauchbare Dimensionen erreicht haben. Unsere Holzarten verhalten sich so unvortheilhaft, weil sie aus der luftfeuchteren Heimath in ein Land mit sehr starkem Wechsel der relativen Feuchtigkeit während der Hauptvegetationszeit gerathen; die Douglastanne und die übrigen oben genannten Holzarten gelangen wiederum aus einem Lande mit einer Luftfeuchtigkeit, welche konstant höher ist, als die der flacheren Theile Deutschlands, befinden sich also wohl in derselben Lage, wie die deutschen Holzarten, die nach Ostamerika versetzt werden. Da die Douglastanne erst seit einem Jahrzehnt in größerem Maßstabe angebaut wird, so ist die Befürchtung, daß sie kein Nutzbaum werden könnte, noch durch keine Versuche in Deutschland widerlegt.

Wenn die Douglastanne zu einem Nutzbaume erwächst, wie wenigstens für die Bergwaldungen Deutschlands sehr wahrscheinlich ist, dann wird ihr Holz sicherlich schwerer und nach der Imprägnirung mit Kern- resp. Dauerstoff zu schließen, auch dauerhafter sein, als das Holz der Tanne und Fichte; sich wird in dieser Eigenschaft zwischen Kiefer und Lärche sich einschieben.

Um auch über ihren Harzgehalt einige Anhaltspunkte zu geben, habe ich seiner Zeit eine mir von Herrn J. Booth gütigst überlassene Scheibe der ältesten Douglastanne von Deutschland, einen Abschnitt des oben erwähnten Baumes, untersucht und fand:

Douglastanne, in Deutschland bei Hamburg gewachsen, 52 Jahre alt, 16,19 m Höhe.

Der Splint enthält in 1000 g absolut trockenen Holzes 24,26 g festes Harz bei einem spezifischen Gewicht von 50,99.

Der Kern enthält in 1000 g absolut trockenen Holzes 40,73 g festes Harz bei einem spezifischen Gewicht von 54,90.

Da das Probestück nur ein paar Fuß über dem Boden entnommen war, so gehörte es zum sogenannten Erdstamme und kann deshalb diese Douglastanne nur mit den Erdstämmen der deutschen Holzarten verglichen werden; es führte der Erdstamm bei $1/_3$ Splint und $2/_3$ Kern in 1000 g absolut trockenen Holzes 35,24 g festes Harz bei einem spezifischen Gewichte von 53,6. 1 cbm der untersuchten Douglastanne führte (im Erdstamme) 18,9 kg Harz und wog 536 kg.

Es übertrifft demnach die Douglastanne die Fichte und Tanne in ihrem Harzgehalte und nähert sich hierin der Lärche.

Ein Stück einer in Nordamerika gewachsenen Douglastanne entstammte dem astlosen Schafte eines ca. 280jährigen Baumes; die Resultate der beiderseitigen Untersuchungen können somit nicht in Parallele gestellt werden.

Es hatte der Splint in 1000 g des absolut trockenen Holzes 11,01 g festes Harz bei einem spez. Gewicht von 46,6;

Es hatte der äußere Kern in 1000 g des absolut trockenen Holzes 22,04 g festes Harz bei einem spez. Gewicht von 49,0;

Es hatte der mittlere Kern in 1000 g des absolut trockenen Holzes 24,98 g festes Harz bei einem spez. Gewicht von 47,3;

Durchschnitt des äußeren und mittleren Kernes 23,51 g und 48,1 spez. Gew.;

Es hatten 1000 g des ganzen Stückes ($1/_3$ Splint, $2/_3$ Kern) 19,34 g festes Harz bei einem spez. Gewicht von 47,6;

1 cbm dieser Sektion des astlosen Schaftes enthielt 9,2 kg Harz und wog 476 kg.

Nach diesen Zahlen ist auch die in Nordamerika gewachsene sehr alte Douglastanne unserer Tanne und Fichte im Harzgehalte überlegen, steht aber der Lärche und vollends der Kiefer hierin nach.

Aus vorstehenden Tabellen lassen sich folgende wohl allgemein für alle Nadelholzarten geltende

Gesetze der Harzvertheilung

ablesen:

1. Der harzreichste Theil des Baumes ist das Wurzelholz; der harzärmste das Holz des astlosen Schaftes; in absteigender Reihe folgen die einzelnen Baumtheile (ohne Rinde) derart:

   **Wurzelholz — Erdstamm oder Wurzelanlauf** (bis 2 m über dem Boden) — **Astholz — bekronter Schaft — astloser Schaft — Rinde.**

2. Die Südhälfte des Schaftes ist stets harzreicher, als die Nordhälfte; der Splint ist stets ärmer an festem Harze, als der Kern; ob die Fichte wirklich hiervon eine Ausnahme macht, ist noch zweifelhaft, da es bei wirklichen Naturgesetzen keine Ausnahmen giebt.
3. Die Harzmenge steigt mit dem Alter des Baumes, deshalb sind die inneren Kernholzlagen ärmer an Harz als die äußeren.
4. Alle Nadelhölzer produziren auf warmen Standorten mehr Harz als auf kühleren; daraus ergiebt sich ferner, daß die Randbäume, die in lichteren, gelichteten oder stark durchforsteten Beständen, auf Südhängen in tieferen Lagen (bei annähernd gleicher geographischer Breite), in südlicheren Breiten (bei annähernd gleicher Elevation) aufwachsenden Nadelbäume mehr Harz erzeugen müssen, als in entgegengesetzten Verhältnissen aufwachsende Bäume.
5. Bodentrockene Lagen müssen mehr Harz erzeugen als bodenfeuchtere, da erstere wärmer sind als letztere; aus gleichem Grunde liefern lockere, sandhaltige Böden ein harzreicheres Holz, als die schweren Bodenarten.
6. Das Steigen und Fallen des Harzgehaltes findet unabhängig von den Bewegungen des spezifischen Gewichtes im Baume statt.
7. Im Ast- und Wurzelholze ist die Oberseite harzreicher als die Unterseite.

Zur Uebersichtlichkeit und praktischen Verwerthung der in den einzelnen Tabellen niedergelegten Untersuchungsresultate habe ich einige Tabellen entworfen, aus denen sich die einzelnen Holzarten und ihre Theile in Hinsicht auf den Harzgehalt, wie auch ihr Gewicht gegenseitig abschätzen lassen.

In 1 kg absolut trockener Holzmasse sind folgende Gewichtsmengen (in Gramm) festes Harz enthalten.

| Holzart | Ganzer Splint | Ganzer Kern | Ganzer Baum | Erdstamm bis 2 m üb. Bod. | Astloser Schaft | Bekronter Schaft | Aeste | Wurzel |
|---|---|---|---|---|---|---|---|---|
| Tanne (Bayern) . . . . . | 5,83 | 12,13 | 10,03 | 12,34 | 8,34 | 13,53 | — | — |
| „ (Hamburg) . . . . | — | — | — | 19,55 | — | — | — | — |
| Fichte (Bayern) . . . . . | 19,45 | 14,98 | 16,88 | 16,40 | 16,01 | 16,30 | 59,09 | 98,57 |
| „ (Norwegen) . . . . | — | — | — | — | 8,96 | — | — | — |
| Junge Kiefer (Bayern) . . | — | — | 19,66 | — | — | — | — | — |
| Alte „ ( „ ) . . | 39,50 | 52,40 | 48,10 | 59,99 | 42,38 | 49,15 | — | — |
| Ueberhaltkiefer( „ ) . . | 37,48 | 55,88 | 49,70 | 61,62 | 49,37 | 66,64 | 79,27 | — |

| Holzart | Ganzer Splint | Ganzer Kern | Ganzer Baum | Erdstamm bis 2 m üb. Bod. | Astloser Schaft | Bekronter Schaft | Aeste | Wurzel |
|---|---|---|---|---|---|---|---|---|
| Kiefer (Hamburg) . . . . . | — | — | — | — | 38,59 | — | — | — |
| " (Norwegen) . . . . | — | — | — | — | 24,26 | — | — | — |
| Hackenkiefer (Bayern) . . . | 18,88 | 30,48 | 26,45 | 27,75 | 25,48 | — | — | — |
| Weymouthskiefer (Bayern) . | 35,67 | 67,04 | 56,58 | 77,37 | 48,79 | 51,02 | — | — |
| " (Nordam.) . | 52,12 | 78,66 | 69,82 | 88,20 | 55,61 | 63,29 | — | — |
| " (Oesterreich) | — | — | — | 83,52 | — | — | — | — |
| Pitch Pine (Nordamerika) . | — | — | — | — | 82,77 | — | — | — |
| Alte Lärche (Bayern) . . . | 24,69 | 45,88 | 41,90 | 49,11 | 32,00 | 40,75 | 44,00 | 58,35 |
| Junge " ( " ) . . . | — | — | 35,81 | — | — | — | — | — |
| Lärche (Tyrol) . . . . . | — | — | — | 23,40 | — | — | — | — |
| " (Hamburg) . . . . | — | — | — | — | 38,92 | — | — | — |
| Douglastanne (Hamburg) . | — | — | — | 35,24 | — | — | — | — |
| " (Nordamerika) | — | — | — | — | 19,34 | — | — | — |

Setzt man in obige Tabelle statt der Harzmengen die einzelnen Holzarten selbst ein und ordnet man dieselben innerhalb einer Kolumne nach ihrem Harzgehalte von Oben nach Unten in absteigender Reihe, so ergiebt sich folgendes Bild, welches das Verhältniß der einzelnen Holzarten zu einander direct ausdrückt. Die dabei gebrauchten Abkürzungen sind: B. = Bayern, H. = Hamburg, Na. = Nordamerika, Nw. = Norwegen, O. = Oesterreich, Ty. = Tyrol.

| Splintholz | Kernholz | Ganzer Stamm | Erdstamm | Astloser Schaft | Bekronter Schaft | Astholz | Wurzelholz |
|---|---|---|---|---|---|---|---|
| ymouths-efer Na. | Weymouthskiefer Na. | Weymouthskiefer Na. | Weymouthskiefer Na. | Pitch Pine Na. (Pinus australis). | Ueberhaltkiefer B. | Ueberhaltkiefer B. | Fichte B. |
| e Kiefer B. | Weymouthskiefer B. | Weymouthskiefer B. | Weymouthskiefer O. | Weymouthskiefer Na. | Weymouthskiefer Na. | Alte Lärche B. | Tanne B. |
| berhalt-efer B. | Ueberhaltkiefer B. | Ueberhaltkiefer B. | Weymouthskiefer B. | Ueberhaltkiefer B. | Weymouthskiefer B. | Fichte B. | |
| ymouths-efer B. | Alte Kiefer B. | Alte Kiefer B. | Ueberhaltkiefer B. | Weymouthskiefer B. | Alte Kiefer B. | | |
| e Lärche B. | Alte Lärche B. | Alte Lärche B. | Alte Kiefer B. | Alte Kiefer B. | Alte Lärche B. | | |
| hte B. | Hackenkiefer B. | Junge Lärche B. | Alte Lärche B. | Lärche H. | Fichte B. | | |
| ckenkiefer B. | Fichte B. | Hackenkiefer B. | Douglastanne H. | Kiefer H. | Tanne B. | | |
| nne B. | Tanne B. | Junge Kiefer B. | Hackenkiefer B. | Alte Lärche B. | | | |
| | | Fichte B. | Lärche Ty. | Hackenkiefer B. | | | |
| | | Tanne B. | Tanne H. | Kiefer Nw. | | | |
| | | | Fichte B. | Lärche Ty. | | | |
| | | | Tanne B. | Douglastanne Na. | | | |
| | | | | Fichte B. | | | |
| | | | | Fichte Nw. | | | |
| | | | | Tanne B. | | | |
| Verhältniß der obersten Stufe zur untersten = | | | | | | | |
| 8,8 : 1 | 5 : 1 | 6,9 : 1 | 7,2 : 1 | 9,9 : 1 ohne Pitch Pine 6,7 : 1 | 4,1 : 1 | — | — |

Vorstehende Tabelle spricht für sich und bedarf kaum der Erörterung; die Weymouthskiefer steht im Harzgehalte von allen in Deutschland anbaufähigen Nadelhölzern an der Spitze; daran reihen sich unsere Kiefer — die Lärche —. die Hackenkiefer — die Fichte — die Tanne; die größten Schwankungen im Harzgehalte der einzelnen Holzarten (Splint und Kern zusammen) zeigten die Erdstämme, die geringsten die bekronten Schäfte. Die an kalte, sumpfige Lagen der Fichten- und Tannenregion gebundene Hackenkiefer gehört auch im Harzgehalte zur Gruppe der harzarmen Nadelhölzer, wohin auch die in Norwegen erwachsende gemeine Kiefer zu stellen ist.

Um aber aus obigen Tabellen das Gewicht zu eliminiren, da es nicht die Kaufeinheit des Holzes darstellt, und in erster Linie nicht durch den Harzgehalt, sondern durch die Breite der Sommerholzzone bedingt wird, so habe ich die Harzmenge pro Kubikmeter des absolut trockenen Holzes berechnet (siehe die Zusammenstellungen auf Seite 65).

Gleiche Volummengen vorausgesetzt, ist unsere einheimische Kiefer der Weymouthskiefer im Harzgehalte und Gewichte ganz beträchtlich überlegen; die Weymouthskiefer liefert das leichteste Holz, das bei uns aufwächst. Als die geringste unter den einheimischen Holzarten in Gewicht und Harzgehalt erscheint unsere Tanne, als die besten hierin die in doppeltem Umtriebe bewirthschaftete Kiefer und die Lärche.

Das Lärchenholz nimmt mit der Entfernung von den höheren Lagen im Gebirge nach der Ebene hin im Harzgehalte zu, im Gewichte (Härte) dagegen ab, trotzdem, daß die wichtigsten Faktoren für Holzsubstanzbildung (Licht und Wärme) günstigere werden. Die Lärche entfernt sich nämlich dem Flachlande zu von dem Zentrum ihrer Heimath und damit von ihrem Optimalgebiete; die Kiefer dagegen verhält sich umgekehrt; sie nimmt mit der Entfernung vom Hochgebirge nach der Ebene hin im Harzgehalte und Gewicht zu, da sie dabei ihrer Heimath und ihrem Optimalgebiete, dem blattabwerfenden Laubwalde, sich nähert.

Das Gewicht und damit die Härte eines Holzes hängt bekanntlich von dem Verhältnisse der Frühjahrszone zur Sommerholzzone in einem Jahrringe ab. Hartig sagt, daß das Frühjahrsholz sich bilde in Folge schlechterer Ernährung, da die neuen Blätter noch keine Bildungsstoffe für den Jahrring produziren, welche erst im Sommer im Stamme herabfließen und bei kräftiger Ernährung das Sommerholz bilden. Bei größerer und länger ausdauernder Wärme muß daher schwereres Holz gebildet werden, was aber die Lärche nicht bestätigt. Wieler stellt dem den umgekehrten Satz entgegen, nämlich, daß gerade das Frühjahrsholz am besten ernährt sei, das Sommerholz am schlechtesten. Ein ungenannter Dritter endlich erklärt (in Baur's Forstw. Centralblatt 1893), daß man das Frühjahrsholz lediglich als ein Produkt der Reservestoffe auffassen müsse, während das Sommerholz zusammen mit den Reservestoffen für das kommende Jahr durch die Thätigkeit der neuen Blattorgane erzeugt würde.

Es enthält:

1 cbm Splintholz (absolut trocken). 1 cbm Kernholz (absolut trocken).

| Holzart | enthält festes Harz kg | wiegt kg | Splint: Holzartenreihe in Bezug auf das Gewicht, absteigend | Kern: Holzartenreihe in Bezug auf das Gewicht, absteigend | enthält festes Harz kg | wiegt kg | Holzart |
|---|---|---|---|---|---|---|---|
| Weymouthskief. Na. | 20,2 | 388 | Alte Lärche B. | Lärche Ty. | 29,5 | 375 | Weymouthskief. Na. |
| Alte Kiefer B. | 18,6 | 470 | Hackenkiefer B. | Alte Lärche B. | 29,2 | 522 | Ueberhaltkiefer B. |
| Ueberhaltkiefer B. | 16,0 | 428 | Lärche Ty. | Ueberhaltkiefer B. | 28,2 | 559 | Alte Lärche B. |
| Alte Lärche B. | 14,8 | 597 | Alte Kiefer B. | Hackenkiefer B. | 25,6 | 480 | Alte Kiefer B. |
| Weymouthskiefer B. | 12,9 | 362 | Ueberhaltkiefer B. | Alte Kiefer B. | 24,8 | 368 | Weymouthskiefer B. |
| Hackenkiefer B. | 9,9 | 588 | Fichte B. | Fichte B. | 18,7 | 686 | Lärche Ty. |
| Fichte B. | 8,0 | 411 | Weymouthskief. Na. | Weymouthskief. Na. | 15,8 | 507 | Hackenkiefer B. |
| Lärche Ty. | 7,9 | 505 | Tanne B. | Tanne B. | 7,1 | 471 | Fichte B. |
| Tanne B. | 2,2 | 379 | Weymouthskiefer B. | Weymouthskiefer B. | 4,5 | 369 | Tanne B. |
| Verhältniß der ersten zur letzten Stufe | 9,2:1 | — | 1,6 : 1 | 1,9 : 1 | 6,5:1 | — | |

1 cbm des ganzen Schaftes. 1 cbm des astlosen Schaftes.

| Holzart | enthält festes Harz kg | wiegt kg | Ganzer Schaft: Holzartenreihe in Bezug auf das Gewicht, absteigend | Astloser Schaft: Holzartenreihe in Bezug auf das Gewicht, absteigend | enthält festes Harz kg | wiegt kg | Holzart |
|---|---|---|---|---|---|---|---|
| Weymouthskief. Na. | 26,5 | 379 | Alte Lärche B. | Pitch Pine. | 61,1 | 700 | Pitch Pine Na. |
| Alte Lärche B. | 24,0 | 572 | Junge Lärche B. | Lärche Ty. | 28,5 | 477 | Ueberhaltkiefer B. |
| Ueberhaltkiefer B. | 28,6 | 497 | Junge Kiefer B. | Alte Lärche B. | 21,5 | 386 | Weymouthskief. Na. |
| Alte Kiefer B. | 28,8 | 477 | Hackenkiefer B. | Kiefer H. | 19,6 | 468 | Alte Kiefer B. |
| Weymouthskiefer B. | 20,5 | 368 | Ueberhaltkiefer B. | Ueberhaltkiefer B. | 18,8 | 468 | Lärche H. |
| Junge Lärche B. | 19,9 | 555 | Alte Kiefer B. | Douglastanne Na. | 18,7 | 506 | Kiefer H. |
| Hackenkiefer B. | 18,5 | 517 | Fichte B. | Alte Kiefer B. | 17,2 | 589 | Alte Lärche B. |
| Junge Kiefer B. | 10,7 | 445 | Weymouthskief. Na. | Lärche H. | 16,7 | 348 | Weymouthskiefer B. |
| Fichte B. | 7,6 | 471 | Tanne B. | Fichte B. | 17,4 | 626 | Lärche Ty. |
| Tanne B. | 8,7 | 372 | Weymouthskiefer B. | Kiefer Rw. | 9,9 | 402 | Kiefer Rw. |
| | | | | Fichte Rw. | 9,2 | 476 | Douglastanne Na. |
| | | | | Weymouthskief. Na. | 8,2 | 428 | Tanne H. |
| | | | | Tanne B. | 6,6 | 412 | Fichte B. |
| | | | | Weymouthskiefer B. | 8,5 | 400 | Fichte Rw. |
| | | | | | 8,1 | 378 | Tanne B. |
| Verhältniß der ersten zur letzten Stufe | 7,2:1 | — | 1,6 : 1 | 2,0 : 1 | 10,7:1 | — | |
| | | | | ohne Pitch Pine 1,8 : 1 | 7,6:1 | | |

Wird nun die Lärche aus ihrer Heimath in wärmeres Klima versetzt, so würde nach der Theorie des Ungenannten die größere Wärmemenge wesentlich zur Bildung von Reservestoffen benützt, woraus eine breitere Frühjahrsholzzone und damit leichteres Holz entsteht. Es muß dann aber auch eine Steigerung im Samenerträgniß und im Harzgehalte eintreten (das Material für die Samenbildung und für das Harz stammt aus dem Stärkemehle), was auch der Fall ist.

Warum aber die Sommerholzzone nicht im gleichen Verhältnisse von der verbesserten Ernährung profitirt wie das Frühjahrsholz, davon findet sich in den oben citirten Ausführungen nichts. Nebenbei sei hier erwähnt, daß die übrigen Nadelhölzer wie auch die Laubhölzer sich genau ebenso verhalten wie für die Lärche angegeben. Man hat aber in Folge des kleinen Beobachtungsbezirks (Deutschland) Laub- und Nadelhölzer in einen Gegensatz gebracht, indem man behauptet, das warme Klima erzeuge bei den Nadelhölzern schlechteres (leichteres Holz)[1]), bei den Laubhölzern dagegen besseres (schwereres) Holz.

Die wärmeren Klimastriche in Deutschland sind für die L ä r c h e, F i c h t e und T a n n e w ä r m e r a l s d a s O p t i m u m dieser Holzarten; ihr Holz wird deshalb leichter; dieselben Landstriche sind für einen Theil d e r L a u b h ö l z e r das Optimum selbst. Für andere sind sie k ü h l e r a l s d a s O p t i m u m, das dann außerhalb Deutschland liegt. Je wärmer daher für die Laubhölzer ein Standort in Deutschland ist, desto mehr nähert er sich dem Optimum, desto schwerer wird das Holz. Geben wir aber unseren Laubhölzern ein Klima, t h a t s ä c h l i c h w ä r m e r a l s d a s O p t i m u m, z. B. ein subtropisches, so zeigt sich, daß die bessere Ernährung in Folge der größeren Wärmemenge wiederum nur den Reservestoffen zu gute kommt, nämlich Breiterwerden der Frühjahrsholzzone (leichteres Holz) und reichlicheres und öfteres Samenerträgniß.

E i n B r e i t e r w e r d e n d e r J a h r r i n g e b e d i n g t d a h e r b e i a l l e n H o l z a r t e n e i n e V e r b e s s e r u n g i m s p e z i f i s c h e n G e w i c h t e d e s H o l z e s, s o l a n g e m a n b e i m A n b a u e i n e r H o l z a r t d e m w ä r m e r e n O p t i m u m d e r s e l b e n s i c h n ä h e r t, w ä h r e n d e i n B r e i t e r w e r d e n d e r J a h r e s r i n g e e i n e V e r s c h l e c h t e r u n g i m s p e z i f i s c h e n G e w i c h t e n a c h s i c h z i e h t, s o b a l d m a n b e i m A n b a u e i n e r H o l z a r t v o m O p t i m u m h i n w e g i n w ä r m e r e S t a n d o r t e s i c h b e g i e b t.

Was aber den H a r z g e h a l t unserer Nadelhölzer betrifft, s o n i m m t d e r s e l b e m i t d e m w ä r m e r e n K l i m a z u, g l e i c h g ü l t i g o b d a b e i d a s H o l z s c h w e r e r o d e r l e i c h t e r w i r d.

---

[1]) Für die Kiefer ist dieser Satz nicht gültig, sie geht mit den Laubhölzern parallel, die sie auf ihnen ungenügenden (sandigen) Bodenarten vertritt.

### b) Abnorme Vertheilung des Harzes.

Steigt im Holze der Harzgehalt auf 150 g festes Harz und darüber pro Kilo der absolut trockenen Holzmasse, so hat in dem betreffenden Holze eine Infiltration der Zellwandungen und Zellumina durch Harz stattgefunden, welche nur möglich ist, wenn die Wandung so viel Wasser verliert, daß sie nicht mehr gesättigt ist. In diesem Falle wandert im Splint und Kernholze das Harz aus den Kanälen und den Parenchymzellen in die Wandung ein. Dieser Zustand ist schon mit freiem Auge erkenntlich durch die dunklere Färbung des betreffenden Holzes; besonders die substanzreiche Sommerholzschichte ist es, welche in dem Maße, als die Lufträume mit Harz erfüllt werden, an dunkelrother Färbung und Durchscheinkraft zunimmt. Die abnorme Menge Harz verrathen ferner der fette Glanz und der starke Harzgeruch. Wird im Splinte durch irgend eine Ursache eine Holzpartie der trockenen Luft exponirt, durch irgend eine Verletzung, so sterben die Parenchymzellen des Holzes auf einem Umkreise ab, die Wandung verliert ihr Sättigungswasser, der Turgor der Gewebe wird aufgehoben, während von dem umliegenden, lebend und turgescent gebliebenen Splinte das Harz mit großer Kraft nach der widerstandsfreien Partie hinzugepreßt wird; so sammelt sich Harz, nicht durch das Gesetz der Schwere hinzuströmend, sondern getrieben durch die Turgescenz der umliegenden Gewebe, im vertrocknenden Holztheile an, am reichlichsten unterhalb und oberhalb der Wunde, weil dort aus vertikalen und horizontalen Gängen Harz hinzugepreßt werden kann, weniger reichlich dagegen seitlich von der Holzwunde, da dort nur aus den horizontalen und zufällig mit diesen korrespondirenden vertikalen Gängen Harz zugeführt wird. Dabei strömt das Harz, vom Turgor getrieben, so lange herbei, bis durch Thüllenbildung an der Grenze des lebenden und vertrocknenden Holzes die Harzkanäle geschlossen und durch das erhärtende Harz der Gegendruck gegen die Turgorspannung wieder hergestellt wird. Diese Erklärung des Verkienungsprozesses paßt auf alle Erscheinungen, unter denen bisher abnorme Durchtränkung mit Harz, die Verkienung oder Verharzung beobachtet wurde.

Die Verkienung tritt ein:

1. Bei Astbrüchen, ob diese durch den natürlichen Reinigungsprozeß in Folge des Lichtentzuges abgestorben und durch ihr eigenes Gewicht in halb zersetztem Zustande vom Baume sich ablösen oder grün durch Eis, Schnee 2c. oder durch Frevler abgebrochen werden. An der Bruchstelle vertrocknet das Holz auf größere Tiefe hin und tritt Verharzung ein, indem das Harz vom lebend bleibenden Schafte, beziehungsweise Aststummel aus hinzugepreßt wird. Bricht der Ast hart am Stamme ab, so setzt sich die Vertrocknung und mit dieser die Verkienung auch auf eine Strecke im Schafte

auf- und abwärts fort. Schwächere Aeste verkienen vollständig und verwittern dann nur schwierig und schädigen, da sie von dem Schafte allmählich umwachsen werden, den Werth des Letzteren ganz beträchtlich (hornige Durchfalläste), bieten aber wirksamen Schutz gegen Insekten und Pilze. Größere Aeste verkienen unvollständig, da sie bereits Kernholz führen, dem mit den Plasma führenden Zellen auch die Turgescenz fehlt. Bloßgelegte Kernstücke sind daher allen Angriffen der Insekten und Pilze ausgesetzt.

2. Eine zweite Ursache der Verkienung ist Rindenbrand bei plötzlicher Freistellung, besonders bei Fichten häufig. Auch in diesem Falle wird, nachdem die Rinde abgestorben, das Harz von dem intakt gebliebenen Splinte nach den vertrocknenden Lagen desselben hinzugepreßt; ganz ähnlich verhalten sich alle Rindenverletzungen, welche eine Bloßlegung des Holzkörpers zur Folge haben, mögen diese mechanischen Ursprungs sein (Harznutzung) oder durch Pilze (Rindenkrankheiten) eingeleitet werden.

3. Eine dritte Ursache ist Zopftrockniß, wie sie bei allen Laub- und Nadelhölzern, theils mit, theils ohne Betheiligung von Pilzen beobachtet werden kann. Wo nicht Pilze die Ursache sind, findet Zopftrockniß hauptsächlich in überalten, zuwachslosen Beständen statt, wobei die Zahl der gipfeldürren Individuen steigt, je mehr der Bestandsschluß sich lichtet, da damit eine Verhaidung oder Vergrasung und Verhärtung des Bodens Hand in Hand geht. Zopftrockniß ist überaus häufig in Urwaldbeständen, die zum ersten Male von der Axt berührt werden. Lichtet sich das Kronendach, so sinkt die enorme Humusmasse zusammen und läßt das spinnwebeartige Wurzelwerk der Bäume auf der Oberfläche zurück. Bei allen zopftrockenen Nadelhölzern wird das Harz von unten nach oben von den lebend bleibenden Partien nach den vertrocknenden hinzugepreßt, wodurch eine Verkienung, bei Betheiligung von Pilzen und Insekten auch eine Harz-Ausstoßung erfolgt.

4. Durch das Durchlöchern eines Holzkörpers von außen nach innen von Seite der Pilze wird das Vertrocknen und Absterben desselben befördert. Das Harz wird aus dem intakt und turgescent gebliebenen Splinttheile nach den durchlöcherten, vertrocknenden Holzpartien hinzugedrängt und durch die Pilzlöcher sogar nach außen gepreßt. Hierauf beruht das sogenannte Harzsticken, der Harzfluß bei Pflanzen, die von Wurzelparasiten, wie Agaricus melleus, Trametes radiciperda oder auch von oberirdischen Parasiten, wie Peridermium corticola an der Kiefer, von Peziza Willkomii an Tannen und Lärche, befallen sind. Daß meine Erklärung der Ursache des Harzstickens richtig ist, beweist der Umstand, daß der Harzausfluß sofort sistirt, so bald auch der oberirdische Pflanzentheil aufhört, turgescent zu sein, das heißt abstirbt. Daß aber die genannten und andere Pilze wirklich selbst Harz

produziren, durch ihre Zerstörung und Einwirkung auf Holzsubstanz, daß somit durch die umwandelnde Thätigkeit der Pilze in dem betreffenden Holztheile die absolute Menge des Harzes sich vermehren könnte, ist nur Vermuthung.

5. Eine Verkienung findet statt nach dem Tode eines Baumes bei der konstant feuchten Verwesung mit oder ohne Betheiligung von höher entwickelten Pilzen, wie z. B. an abgestorbenen und gefallenen Baumstämmen in Urwaldungen, an Baumstöcken und Wurzeln stehend vertrockneter Bäume, wobei die von außen nach innen fortschreitende Fäulniß das Harz vor sich her nach dem Inneren des Stockes oder der Wurzel hintreibt, welche Partieen dadurch allmählich ganz mit Harz durchtränkt werden (Speckkien). Diese Verdrängung des Harzes aus den Micellarräumen des Holzes durch das Wasser, das nach dem Tode des Baumes allmählich mit den Pilzen und mit der Zersetzung von außen nach innen eindringt, ist genau der umgekehrte Prozeß, der stattfand, als mit dem Absterben des Baumes das Wasser der gesättigten Zellwandung allmählich entschwand und das Harz in die Wandungen einwandern konnte. Wurzel-Speckkien geht daher aus der Fäulniß von verkienten Holzstücken hervor; Speckkien widersteht im Zentrum der getödteten Holzmassen oft mehrere Jahrzehnte lang der Zerstörung durch chemische Prozesse.

6. Eine Verkienung tritt ein am intensivsten bei der Kiefer, welche die größte Harzmenge, das flüchtigste Harz, die weitesten Harzgänge besitzt. Verkienung ist seltener und weniger kräftig bei der Fichte; bei der Tanne dagegen verkienen nur die Hornäste, da nur diese mit größerer Menge ausgeschiedenen Harzes — wie früher nachgewiesen durch den wachsenden Ueberwallungswulst ausgeschieden — in Berührung treten.

---

III.

# Einfluß des Harzes auf die physikalischen Eigenschaften des Holzes.

**Dauer.** Das Harz, wie es sich im lebenden Baume findet, als ein Gemenge von flüchtigen, flüssigen und festen Kohlenwasserstoffen, kann nicht als Antiseptikum bezeichnet werden; der flüssige Bestandtheil widersteht weder der chemischen Zersetzung durch die Atmosphärilien noch der Zerlegung durch Pilze; ja mehrere der Letzteren, wie Nectria, Pestalozzia, können sogar im flüssigen Harze keimen und wachsen. Daß aber die festen Bestandtheile des Harzes, das Hartharz, ein ganz außerordentlich dauerhafter Körper ist, das beweist der fossile Bernstein, der ein festes Harz ist. Je mehr daher festes Harz einem Holztheile beigemengt ist, desto größer muß die Dauer des betreffenden Holzes sein.

Da die Untersuchungen des vorausgängigen Abschnittes gerade die feste Harzmasse in den verschiedenen Holztheilen der Nadelbäume geben, so kann daraus direkt geschlossen werden, in welchen Verhältnissen die einzelnen Holzarten zu einander in Bezug auf die Dauer ihres Holzes stehen, soweit diese durch das feste Harz beeinflußt wird.

Dieser Einfluß ist aber nicht zu überschätzen; andere Faktoren, wie Dichtigkeit und Härte (größere Substanzmenge bei gleichem Volumen oder höheres spezifisches Gewicht) und insbesondere die Imprägnirung mit Dauerstoff[1]) sind für die Dauer eines Holzes von viel größerer Wichtigkeit als die Menge des festen Harzes. Auf den Dauerstoff, als ein wichtiges Kriterium zur Beurtheilung der Dauer aller Holzarten, habe ich in meinen „Waldungen von Nordamerika" aufmerksam gemacht mit dem Hinweise, daß jene Holzarten, welche den dunkelsten Kern besitzen, die Hölzer mit hellerem oder farblosem Kerne an Dauer übertreffen.

Aus diesem Grunde schon wird daher das Lärchenholz stets dauerhafter sein als das Kiefernholz, wenn auch dasselbe im Harzgehalte dem Kiefernholze nachsteht. Dieses Gesetz gilt auch innerhalb einer Holzart, indem z. B.

---

1) Mit diesem Namen bezeichne ich den bisher „Kernstoff" benannten Körper, der den Kern vieler Laub- und Nadelhölzer imprägnirt und nach der Fällung des Baumes durch den Sauerstoffgehalt der Luft oxydirt wird und an Farbe sich vertieft. Je intensiver die Oxydation, je dunkler die Färbung des Dauerstoffes ist, um so dauerhafter ist unter allen Umständen das betreffende Holz. Der Name „Dauerstoff" empfiehlt sich schon deshalb, weil alle Holzarten einen „Kern", viele aber keinen „Kernstoff" besitzen.

die Kiefer mit dunklem und breitem Kerne, wie sie auf einem sandigen, warmen Standorte als Vertreterin des Laubwaldes aufwächst, der Kiefer mit hellem und schmalem Kerne, wie sie auf den kiesigen Standorten im kühlen Gebiete der Fichte erwächst, an Dauer überlegen ist. Dazu kommt freilich, daß sie im wärmeren Standorte spezifisch schwerer ist und auch noch einen größeren Harzgehalt besitzt als im kühleren Gebiete.

Die Praxis hat durch die Werthbestimmung längst ihr Urtheil über die Güte der einzelnen Holzarten unter verschiedenen klimatischen Verhältnissen abgeschlossen, lange bevor die exakte wissenschaftliche Forschung die ersten Bausteine für eine naturwissenschaftliche Erklärung der bestehenden Verschiedenheiten zusammenzutragen begonnen hat. Wo die wissenschaftlichen Forschungs-Ergebnisse mit den Erfahrungen und Werthsätzen der Praxis nicht in Einklang zu bringen war, da war man nur zu schnell bereit, von Vorurtheilen der Bevölkerung für gewisse Holzarten zu sprechen. Allein, was die einheimischen Holzarten betrifft, so giebt es wohl keine Vorurtheile; jeder gründet sein Urtheil über eine Holzart auf irgend einen Vortheil, den ihm das Holz bietet; die Gesammtsumme dieser Urtheile kommt in der Preisdifferenz der einzelnen Holzarten zum Ausdruck.

Was die einheimischen Holzarten betrifft, so kann die Wissenschaft nur gewinnen, wenn sie die vielseitigen und langjährigen Erfahrungen der Praxis benützt, um daraus Anhaltspunkte für die Forschungsrichtung und -Methode zu entnehmen. Führt dann die Forschung zu einem den Erfahrungen der Holz-benutzenden und -verarbeitenden Gewerbe entgegengesetzten Ergebnisse, dann ist es immer noch wahrscheinlicher, daß die Untersuchungsmethode oder die Folgerungen hieraus unrichtig waren, als daß sich die Praxis Jahrzehnte lang in einem Irrthum befangen hätte über einen Punkt, der in letzter Linie den nervus rerum trifft. Ein Beispiel möge genügen.

Im dichten Schlusse aufwachsende Fichtenbestände liefern eine große Menge werthvollen Stangenmateriales (Hopfenstangen); es sind aber nicht jene langsam erwachsenen, engringigen und nach den bisherigen Angaben in der Literatur mit schwerem Holze erwachsenen Stangen mit schön rothbrauner Rinde aus dem dichtesten Bestandesschlusse, welche die höchsten Preise erzielen, sondern die in verlichteten Waldungen erwachsenen kürzeren Stangen, wegen der Besonnung mit durch Flechtenanhang weißlicher Rinde, werden am höchsten geschätzt, da sie nach den Erfahrungen der Praxis die größte Elastizität und Dauer besitzen. Die Wissenschaft, die behauptet, Elastizität und Schwere gingen mit einander parallel, steht hier wiederum mit der Praxis im Widerspruch.

Daß die dem Lichte und der Wärme mehr ausgesetzten Stangen der lichteren Bestände beträchtlich reicher an Harz werden müssen, läßt sich aus den vorliegenden Untersuchungen folgern, denen zu Folge größere Wärme auch größeren Harzgehalt und dadurch größere Dauer bedingt.

Umfangreichere Untersuchungen über das spez. Gewicht und die Elastizität werden wohl noch bestätigen, daß diese beiden Eigenschaften nur so lange parallel gehen, als die größere Schwere bei gleichzeitigem, größeren Wärme- und Lichtgenusse erzielt wurde.

Da im lebenden Nadelbaume das Harz nicht in die Holzwandung eindringen kann, wegen des mit Wasser stets (auch im Kernholze) gesättigten Zustandes der Wandung, so ist die Erhärtung des Harzes im Baume eine nur außerordentlich langsame und kommt dieselbe endlich ganz zum Stillstande. Wird aber der Baum gefällt und zerlegt, so daß das Wasser aus den Zellwänden abdunstet, so wandert das Harz aus den Zellen und Kanälen aus, gelangt hierbei mit reichlicherer Menge Sauerstoff in Berührung und erhärtet in um so größerer Menge, je langsamer die Verhärtung vor sich geht, je unvollständiger die Zerlegung des gefällten Stammes ist. Ist die Zerlegung eine schnelle und totale, wie bei Brettwaaren, so erfolgt die Austrocknung und Erhärtung des Harzes rasch, wobei jedoch ein Theil des Terpentins sich verflüchtigt, welcher Theil bei langsamer Austrocknung und Oxydation zu festem Harz erhärten und die Dauer des betreffenden Holzes erhöhen würde. Es ist also die langsame und lange dauernde Austrocknung nach der Fällung, welche den Gehalt an festem Harze und damit die Dauer des Holzes der Nadelbäume erhöht.

Bei verschiedenen Nadelholzarten, welche gleiches spezifisches Gewicht und gleich starke Imprägnirung mit Dauerstoff besitzen oder ohne denselben sind, darf man die Differenz in der Dauer füglich dem Harzgehalte zuschreiben. Fichte und Tanne z. B. zeigen vielfach ganz gleiches spezifisches Gewicht; beide besitzen einen nicht gefärbten Kern, das Fichtenholz ist aber dauerhafter als jenes der Tanne, da letztere beträchtlich im Harzgehalte der Fichte nachsteht. Manche Stücke der Douglastanne und der Lärche kommen sich sehr nahe im spezifischen Gewichte und in Imprägnirung mit Dauerstoff; das Lärchenstück wird aber dauerhafter als jenes der Douglastanne sein, da erstere mehr Harz enthält als letztere; aus gleichem Grunde wird das Holz der Ueberhaltkiefer dauerhafter sein als jenes von jüngeren Kiefern. Wenn das Harz die Dauer erhöht, so muß der Harzentzug die Dauer des Holzes vermindern. Dafür bietet die Harznutzung treffende Beispiele. Schon früher habe ich nachgewiesen, daß bei der Harznutzung nur Harz aus dem Splinte gewonnen werden kann, das von den der Wunde benachbarten Holzpartieen nach der entrindeten Stelle hinzugepreßt wird. Ein Ausfluß von Harz aus dem Kerne ist unmöglich, da die Harzkanäle an der Grenze von Splint- und Kernholz durch Thyllen verstopft werden. Es kann daher die Harznutzung den Harzgehalt und damit die Dauer des Kernholzes eines Baumes nicht im geringsten beeinträchtigen.

Anders dagegen verhält sich der Splint, wenn es wahr ist, daß das geharzte Splintholz nach der Fällung schneller schwarz, das heißt von Pilzen durchzogen wird als nicht geharzter Splint.

Das feste Harz widersteht allen Angriffen der Pilze und Zerstörungsprozesse, und ist demnach als ein Körper zu bezeichnen, der unter allen Umständen die Dauer eines Holzes erhöht; doch wäre es ganz unrichtig, aus dem Harzgehalt direkt auf die Widerstandsfähigkeit des stehenden Baumes, auf die Widerstandsfähigkeit des im Boden zu Bauten verwendeten Holzes gegen eindringende Pilze einen Schluß zu ziehen. Hierüber geben die vorhergehenden Tabellen keinen Aufschluß, denn die durch Pilze und chemische Agenzien zerstörbare Masse verhält sich zur unzerstörbaren, festen Harzmasse in allen Nadelbäumen dem Gewichte nach wie 100 zu 0,5 bis 6. Der Gehalt an festem, von Pilzen unangreifbaren Harze mindert nicht die Zahl der Feinde des lebenden Stammes.

So treffen von den, das stehende Stammholz zerstörenden parasitischen Pilzfeinden unserer Nadelhölzer (unter Ausschluß der bis jetzt nur vereinzelt und seltener beobachteten Pilze)

auf das Stammholz der Lärche 1 Pilzfeind
" " " " Tanne 2 "
" " " " Fichte 4 "
" " " " Kiefer 4 "

Die harzärmste Tanne hat demnach weniger schädliche Holzpilze, als die harzreichste einheimische Holzart, die Kiefer. Selbstredend kann man auch aus der Zahl der Pilze, welche den lebenden Stamm durchbohren, nicht auf die Dauer des betreffenden Holzes einen Schluß ziehen, denn in diesem Falle wäre die Birke dauerhafter als die Eiche, die Tanne dauerhafter als die Kiefer, während doch jeder Techniker und jeder Forstmann weiß, daß das Umgekehrte der Fall ist. Es sind eben bei Verwendung des Holzes im Boden ganz andere und unter ganz anderen Bedingungen lebende Pilze thätig, als am stehenden, lebenden Schafte die Zerstörung hervorrufen, jene Fälle natürlich ausgenommen, daß schon pilzkrankes Holz in den Boden frisch verbracht wird. Auch dieser Fall ist nicht so bedenklich, wie man anzunehmen geneigt ist; denn augenscheinlich stirbt in solchen in den Boden verbrachten bereits verpilzten Stücken der als Parasit oberirdisch lebende Pilz unter der Erde ab und die weitere eigentliche Zerstörung wird von anderen Pilzen fortgesetzt. Daß hierbei das Harz, das aus den äußeren Partieen des Holzes nach den inneren zuwandert, eine die Zerstörung verlangsamende Wirkung übt, darf man füglich annehmen, da der extreme Fall zu dem unverwüstlichen Speckkiene führt.

**Schwere und Härte.** Soweit das spezifische Gewicht des frischen Splintholzharzes unter 0 verbleibt, das heißt geringer als das Wasser ist wird das spezifische Gewicht des betreffenden Holzes durch den Harzgehalt vermindert; da das Harz der Kernholzstücke schwerer als Wasser ist, wird das spezifische Gewicht des Kernholzes durch Harz stets erhöht. Dem Harze gegenüber sind aber andere Faktoren, wie insbesondere die Breite der Sommerholzregion der Jahrringe, weit einflußreicher auf das Gewicht. Am klarsten geht dieses schon daraus hervor, daß die harzreichste Holzart, die Weymouthskiefer, wegen ihrer sehr schmalen Sommerholzringe. das geringste spezifische Gewicht hat; dagegen besitzen die Lärche, die Douglastanne ein hohes spezifisches Gewicht trotz der geringen Harzmenge in Folge der stark entwickelten schweren und harten Sommerholzzone. Erst an verkienten Holzstücken wird die Schwere des Holzes merklich verändert, und zwar um 15% und darüber; gleichzeitig mit der Schwere nimmt in solchen Stücken auch die Härte zu, da das feste Harz beträchtlich härter als die Holzfaser ist. Es ist also wiederum die langsame **Austrocknung** nach der Fällung des Baumes, welche ein Mittel zur Erhöhung der Schwere und der Härte des Nadelholzes in die Hand giebt.

Das **Schwindeprozent** ist um so geringer, je harzreicher das betreffende Holz, je vollkommener die Durchtränkung der Zellwandung mit Harzsubstanz ist. Total von Harz imprägnirte Stücke müssen daher dasselbe Volumen haben und beibehalten, welches das mit Wasser durchsättigte Holz besaß.

Die **Brennkraft** wird stets durch den Harzgehalt erhöht, da Harz kohlenstoffreicher ist als die Zellwandung. Verkiente Stücke verbrennen mit sehr starker Ruß- (Kohlenstoff-)Entwickelung und wurden früher allgemein von den ärmeren Volksklassen in den nadelbaumreichen, abgelegenen Gebirgen als Lichtspender benützt. Auch heute werden Spähne von verkientem Holze noch gerne wegen ihrer Brennkraft zum Anschüren des Ofens verwendet. Nur im spezifischen Gewichte sich nahe kommende Holzarten kann man hinsichtlich ihrer Brennkraft nach ihrem Harzgehalte einschätzen, denn die Brennkraft geht parallel mit der Substanzmenge, das heißt mit dem spezifischen Gewichte der Holzart. Die Kiefer ist brennkräftiger als die Fichte und diese wiederum ist brennkräftiger als die Tanne, entsprechend dem Harzgehalte dieser in ihrem spezifischen Gewichte oft gleichen Holzarten.

Die **Farbe** des Holzes erleidet durch die Beimengung des Harzes erst dann eine Veränderung, wenn diese Beimengung abnorm groß ist, das heißt nur verkiente Holzpartieen nehmen je nach dem Grade der Verkienung einen gelbrothen bis dunkeln Ton an. Solche Stücke erglühen dann bei durchfallendem Sonnenlichte, selbst bei beträchtlicher Dicke von mehreren Centimetern, in prächtigem Roth.

Solche verkiente Stücke sind außerordentlich spröde und heben die dem Holze innewohnende **Elastizität** und **Spaltbarkeit** vollständig auf. Verkiente Stücke spalten nicht, sondern brechen mit muscheligem Bruche fast wie reines Harz aus. Aus diesem extremen Falle kann man auch schließen, daß das Harz die Elastizität eines Holzes vermindert.

Da der flüchtige Bestandtheil des Harzes sehr leicht verdampft und Jahre lang nach der Fällung vom Holz abgegeben wird, bis alles flüssige Harz in festes verwandelt ist, so behalten aus Nadelholz gefertigte Gegenstände noch längere Zeit den angenehmen **Wohlgeruch** und harzigen Duft des frischen Holzes bei.

Da jede Nadelholzart einen anderen der Holzart typischen, aber nicht zu beschreibenden Harzgeruch besitzt, so vermag ein gewiegter Praktiker aus dem spezifischen Geruche eines Holzes mit großer Sicherheit auf die Baumart zu schließen. Täuschungen sind jedoch möglich, so gut wie bei der Diagnose einer Holzart mit Hilfe der Loupe; die mikroskopische Untersuchung dagegen stellt, was die einheimischen Holzarten betrifft, jeden Zweifel bezüglich der Herkunft des Holzes klar, wenigstens für die Hauptnutzholzproduzenten, die Fichte, die Kiefer und die Tanne.

---

IV.

# Physiologische Bedeutung des Harzes.

Allgemein wird das Harz als ein Secret, die Harzgänge als Secretbehälter und die Auskleidungszellen derselben als Secretionszellen oder Epithel bezeichnet. Ist diese Auffassung richtig, dann wären die Harzgänge Drüsen und auf gleicher Stufe, wie die Honigdrüsen in den Blumen, die Klebstoffdrüsen der fleischfressenden Pflanzen zustellen.

Bei der wahren Drüse sind aber die Organe nur Mittel zum Zweck. Die Organe haben den Zweck der Secretbildung, und das Secret selbst hat einen Zweck. In diesem Sinne kann man das Harz und die Harzgänge schon deshalb nicht auffassen, weil das Harz keine Bedeutung mehr, weder für die Ernährung, für das Leben, noch für die Fortpflanzung hat. Das Harz ist ein bei der Stoffproduktion und zwar des Coniferins von der Pflanze als Nebenprodukt ausgeschiedener Körper, ähnlich wie die Krystalle. Mit dieser Auffassung übereinstimmend ist das Harzganggewebe als ein lückenloses Isolirgewebe zu bezeichnen; gleiches gilt von den nie fehlenden parenchymischen Auskleidungszellen der Harzgallen und endlich von den Markstrahlparenchymzellen selbst. In letzteren nimmt mit dem Alter die Harzmenge zu. Da aber die Markstrahlzellen der Nadelhölzer keinen anderen Zweck haben als jene der Laubhölzer, nämlich die Wasserleitung zu besorgen und alljährlich im Sommer Reservestoffe anzuhäufen, im Frühjahre dagegen wiederum aufzulösen, so kann das bei den Laubhölzern fehlende Harz bei den Nadelhölzern nur davon herrühren, daß diese einen dem Holze derselben eigenthümlichen Körper entwickeln, der den Laubhölzern ganz oder doch größtentheils fehlt. Ein solcher Körper ist das Coniferin, das nach meiner Auffassung nicht eine Vorstufe für das Harz in der Art ist, daß aus der Oxydation des Coniferins erst das Harz entsteht, wie auch Herr Dr. Löw im ersten Abschnitte vorliegender Abhandlung anzunehmen geneigt ist. Das Coniferin ist vielmehr ein dem Holze der Nadelhölzer in Form von Mycellen eingelagerter Körper, bei dessen Bildung Harz abgespalten wird. Das einmal der fertigen Zelle eingelagerte Coniferin erfährt während des ganzen Lebens und nach dem Tode des Baumes keine Veränderung mehr, so wenig wie die Cellulose und das Lignin. Daraus erklärt sich die stetige Zunahme des Harzes in den Holzparenchymzellen, so lange in diesen das Stärkmehl wieder aufgelöst und unter anderen Stoffen auch zu Holzsubstanz und Coniferin umgewandelt wird, die Zunahme des Harzes in der wachsenden Rinde, während die Nadel, da sie einmal fertig nicht mehr wächst, auch nicht weiter Harz produzirt.

Um etwaige Veränderungen in der Holzsubstanz, mit Rücksicht auf die behauptete Umwandlung des Coniferin in Harz, im Baume aufzufinden, habe ich seiner Zeit Fichtenholz mit den verschiedensten chemischen Reagenzien behandelt und fand:

| Reagenzien | 1 bis 8 jähr. Splint | | | Splint vor dem Uebergange in Kernholz | | | Kern | | | Bemerkungen |
|---|---|---|---|---|---|---|---|---|---|---|
| | Membran | Harz | parench. Zellinhalt | Membran | Harz | parench. Zellinhalt | Membran | Harz | zurückgeb. par. Inhalt | |
| 1 % Ueberosmiumsäure | hellbraun | braungelb | braun, einzelne schwarz | hellbraun | braungelb | alle schwarz | blauschwarz | braungelb | braunschwarz | Grenze zwischen Splint und Kern sehr scharf |
| Eisenchlorid | — | — | — | — | — | hellbraun | violettbraun | — | braun | Grenze weniger deutlich |
| Silberlösung | hellbraun | — | schwach hellbraun | hellbraun | — | hellbraun | braungelb | — | braunschwarz | Grenze sehr scharf |
| Fehling's Lösung | schwefelgelb | — | — | gelb | — | — | orangegelb | — | — | Grenze undeutlich |
| Phloroglucin u. Salzsäure | roth | — | — | roth | — | — | roth | — | — | Splintholz schnell, Kernholz langsam sich färbend |
| Bichromsaures Kali | — | — | — | gelb | — | braun | braun | — | braun | Grenze undeutlich |
| Eisenvitriol | — | — | — | gelb | — | — | hellbraun | — | — | — |
| Phenolsalzs. | blau | — | — | blau | — | — | blau | — | — | — |

Obige Tabelle dürfte ergeben: daß mit Hilfe von chemischen Reagenzien sich die scharfe Grenze zwischen Splint und Kern mikroskopisch genau feststellen läßt; daß das Coniferin einmal als Mycelle im Holze eingelagert mit dem Aelterwerden der Membrane keine Veränderung erleidet, während der im Holze eingelagerte Gerbstoff durch das Splintholzstadium hindurch bis in das Kernholz (und wohl auch nach der Fällung noch) fortwährend Veränderungen durchzumachen hat, die sich in dem ganz verschiedenen Verhalten der verschieden alten Holzmembranen gegenüber den Gerbstoffreagenzien zu erkennen geben.

Das Coniferin ist ein von Fermenten leicht angegriffenes Glycosid; bei Zerstörung des Nadelholzes durch Pilze wird zuerst der Coniferin-Bestandtheil aufgelöst und daraus entfernt. Auch das Abspaltungsprodukt, das Harz, ist, wie schon erwähnt, ein für manche Pilze [Nectria[1]), Pestalozzia[2])] für kurze Zeit brauchbarer Nährboden, so daß es ein schlechtes Mittel darstellen würde, wenn es zu dem Zwecke gebildet worden wäre, die Pflanzen

[1]) Von R. Hartig beobachtet.

[2]) Von mir 1884 im Harz bis zu kräftigen Pilzrasen kultivirt.

gegen Pilz-Infektion zu schützen. Wenn das Harz nach seiner Ausscheidung aus dem Stoffwechsel noch Funktionen verrichten kann, so sind diese nur unter ganz bestimmten Verhältnissen zutreffend und nur als zufällige zu bezeichnen, nicht als Zweck der Harzbildung im Baume.

Wie bekannt findet sich nämlich das Harz in den Gängen durch Spannung der turgescenten Gewebe des Splintholzes und der Rinde unter einem sehr heftigen Drucke; durchschneidet man eine Nadel in der Mitte, durchschneidet man die Rinde, zerreißt man frisches Splintholz mit der Säge, so überkleiden sich allmählich beide Schnittflächen mit Harz. Nur bei den Tannen und Tsugen unterbleibt natürlich aus dem Splinte jeglicher Harzausfluß, da diese Hölzer keine Harzgänge besitzen. Bei kleineren Rind- und Splintholzwunden ist der Verschluß durch Harz ein vollständiger, bei größeren, insbesondere solchen, welche das Kernholz bloßlegen, wie bei Astbrüchen, ein ganz mangelhafter, und so lange sichert dieser Verschluß nicht gegen Pilz-Infektionen, bis das Harz erstarrt ist; ist dies geschehen, so wird die Wunde angriffsfähig für Insekten, die das flüssige Harz erfolgreich abwehrt, ausgenommen viele Wicklerraupen, für die der Harzausfluß von Nutzen ist, indem sie aus dem Harze ihre schützenden Wohnungen bauen.

Nirgends münden Harzbehälter frei nach außen, daher kann durch den Druck der Gewebe nirgends Harz spontan ausfließen; damit aber das Harz durch die Spannung des safterfüllten Splintes nicht in den abgestorbenen Kern ohne Plasma und ohne Turgor hineingepreßt wird, sind die Harzgänge an den Uebergangsstellen von Splint zu Kern mit Thyllen verstopft. Mit dem Wechsel der Turgescenz der lebenden Gewebe wechselt auch der Druck, unter welchem das Harz in den Gängen zusammengehalten wird. Um einige Beiträge für diese Frage geben zu können, habe ich dereinst folgende Versuche vorgenommen. Am 25. September 1882 wurden Nadeln verschiedener Holzarten abgeschnitten und zeigte sich:

Vormittags 7 Uhr, kalt, nebelig, Feuchtigkeit der Luft nahe an 100 %.

Bei der Kiefer: Ausfluß aus der neuen Nadel sehr kräftig, schwächer aus den vorjährigen und noch weniger aus den schon gelb werdenden Nadeln des 3. Jahres.

Bei der Lärche: Mäßiger Ausfluß.

Bei der Fichte: Sehr schwach bis kein Ausfluß aus allen Nadeln.

Bei der Tanne: Mäßiger Ausfluß aus allen Nadeln.

Nachmittags 2 Uhr voller Sonnenschein, Windstille, Feuchtigkeit der Luft 50 %.

Bei der Kiefer: Harzausfluß geringer als am Morgen.

Bei der Lärche: Schwach bis kein Ausfluß.

Bei der Fichte: Kein Ausfluß aus allen Nadeln.

Bei den Tannennadeln: Nur an der Basis schwacher Ausfluß.

Am 30. Juli früh Morgens, bei regnerischer und warmer Witterung, Feuchtigkeit der Luft nahe an 100 %.

Bei der Kiefer: Aus allen Nadeln sehr kräftig.

Bei der Lärche: Kräftiger Ausfluß.

Bei der Fichte: 1 und 2jährig kräftig, 3jährig schwach, 4jährig gar nicht.

Bei der Tanne: Aus 1jährigen kräftig, 2, 3, 4 und 5jährigen immer geringer werdend.

Es dürfte sich daraus ergeben, daß die Turgescenz mit dem Aelterwerden der Pflanzentheile immer mehr abnimmt, daher auch die aus den Nadeln ausgepreßte Harzmenge vom Sommer nach dem Herbste hin, vom ersten zum zweiten, dritten u. s. w. Lebensjahre der Nadel immer mehr abnimmt. Warme und feuchte Witterung ist der Harzausstoßung am günstigsten, weil die Turgescenz der Gewebe da am stärksten ist. Bei vollem Sonnenschein und trockener Luft stellt sich in den Nadeln das Gegentheil einer Gewebespannung nämlich Welkwerden ein, wenn auch an den älteren Nadeln dieses äußerlich nicht bemerkt werden kann. Es entsteht dann, da die Harzgänge der Nadeln von einer hornigen Scheide von Sclerenchymfasern umgeben sind und in Folge dessen nicht collabiren können, in den Harzgängen eine Luftverdünnung, die nachweisbar ist, wenn man solche welke Nadeln unter einer gefärbten Glycerinlösung durchschneidet, wobei in den geöffneten Kanälen die Flüssigkeit bis 1 mm hoch emporsteigt.

Aus den verletzten Pflanzentheilen findet ein Ausfluß so lange statt, bis die Druckdifferenz durch den Erguß ausgeglichen (Nadeln) oder durch Verhärtung des Harzes an der Wunde, durch Thyllenbildung in den geöffneten Kanälen, wieder Gegendruck hergestellt ist (Holz und Rinde). Wird dieser Verschluß wiederum entfernt durch Abkratzen bei der Harznutzung, durch bohrende Insekten, so beginnt der Fluß wiederum. Nie aber tritt Harz aus den Kanälen in Folge der Schwere aus, wie bei der Harznutzung oder bei Verwundungen der stehenden Bäume allgemein geglaubt wird. Dieser Annahme widerspricht ein Gesetz der Physik, das der Kapillarität, denn die Harzgänge sind so außerordentlich feine Kapillarräume, daß jegliche Bewegung des zähflüssigen Harzes unterbleiben muß. Dieser Annahme widersprechen auch die bei der quantitativen Harzanalyse gefundenen Thatsachen.

Ebenso irrig ist die Ansicht, daß die Holz- und Rindenwunden der Nadelhölzer fortfahren von Harz zu triefen, weil Holzsubstanz in Harz umgewandelt werde, daß durch diesen fressenden Harzerguß die Bäume erkranken und absterben können (Resinosis). Schuld an dieser Verwirrung der Thatsachen ist theilweise Verwechslung mit der Gummosis der Kirschbäume, theilweise eine oberflächliche Betrachtung der Vorgänge bei der Harzbildung und Ausscheidung. Auch die Angabe, daß die Harzgallen durch Auflösung von Holzsubstanz in Harz entstünden, sich vergrößerten und endlich die Rinde durchfräßen und ihren Inhalt nach außen ergössen, ist eine Vermuthung, die einer ernsthaften Prüfung nicht Stand hält.

Wie es keine Umwandlung von Holzsubstanz in Harz giebt, so fehlt auch, wie erwähnt, jeder spontane Erguß von Harz nach außen; wo ein solcher vorzuliegen scheint (Knospe, Ueberwallungswulst) ist, wie ich in einem früheren Abschnitte gezeigt habe, nicht Auflösung von Holzwand, sondern das gerade Gegentheil, nämlich Holzwandbildung die erste Ursache des Auftretens von Harz; der Austritt aber geschieht in Folge des Vertrocknens der der Luft ausgesetzten Pflanzentheile, ist also mechanischer Natur.

V.

# Gewinnung des Harzes.

Die Harzgewinnung beruht bei allen im Holze Harzgänge führenden Nadelbäumen auf der im vorigen Abschnitte näher erwähnten Erscheinung, daß das Harz in den Gängen unter einem von den umliegenden Saftgeweben ausgeübten hohen Drucke steht, der das Harz aus den Gängen auspreßt, sobald diese geöffnet werden. Da sich die Druckdifferenzen auf große Entfernungen im Baume hin auszugleichen streben, so wird längere Zeit und aus größerer Entfernung das Harz in den Kanälen herbeigeführt, bis durch Vertrocknen des Harzes und Verstopfung der Kanäle mit Thyllen wiederum ein Gegendruck hergestellt ist Es müssen dann neue Splintholzpartien durch Entfernung der verharzten Splintschichten oder durch Entnahme von frischen Rindenstücken aufgedeckt werden; diese liefern dann wieder Harz, wenn auch eine geringere Menge als das vorausgehende Jahr, bis die Harzausbeute unter jenes Quantum herabsinkt, das die Fortsetzung der Nutzung als rentabel erscheinen läßt. Auf dieser Erscheinung beruht jede Harznutzung bei den Kiefern, Fichten und Lärchen. Nur die Methoden, wie das Harz bei den verschiedenen Holzarten am rationellsten gewonnen werden kann, wechseln.

Aus meinen Angaben läßt sich unter Berücksichtigung des spezifischen Gewichtes des frischen und des absolut trockenen Holzes, des Schwindeprozentes, des spezifischen Gewichtes des frischen und festen Harzes jene Harzmenge berechnen, welche in 1 cbm Splintholz der untersuchten Bäume enthalten war.

Harzmenge in 1 Kubikmeter Splintholz des stehenden Baumes.

| Holzart | Frisches Harz | | Roh-Terpentinöl | | Festes Harz (Kolophonium) | | Gehalt des frischen Harzes an Terpentinöl |
|---|---|---|---|---|---|---|---|
| | Liter | Kilo | Liter | Kilo | Liter | Kilo | Prozent |
| Kiefer . . . . | 22,2 | 22,1 | 6,8 | 5,5 | 15,4 | 16,6 | 33,1 |
| Lärche . . . . | 18,1 | 18,3 | . | 5,2 | . | 13,1 | 38,2 |
| Weymouthskiefer | . | 17,9 | . | 6,7 | . | 11,2 | 59,9 |
| Fichte . . . . | 9,3 | 9,4 | 2,8 | 2,3 | 6,5 | 7,1 | 32.4 |
| Tanne . . . . | 3,3 | 3,2 | 1,4 | 1.2 | 1,9 | 2,0 | 60,0 |

Nach dem Gehalte an Terpentinöl ordnen sich die Holzarten folgendermaßen: Tanne = 60% des frischen Harzes; Weymouthskiefer = 59,9%; Lärche = 38,2%; Kiefer = 33,1%; Fichte = 32,4%, während in Ausbeute an festem Harze (Kolophonium) bei der Harznutzung die Reihe der Holzarten dieselbe ist, wie sie in der Tabelle absteigend eingehalten wurde.

Nimmt man einen Durchschnittsbaum von 1 cbm Inhalt des Schaftes, so führt dieser nur etwa $^1/_8$ cbm Splintholz, dann wäre die im ersten Jahre theoretisch nutzbare Menge frischen Harzes (Balsam)

| | | | |
|---|---|---|---|
| bei einem Kiefernstamme | | = | 7,4 kg |
| „ | einer Lärche | = | 6,1 „ |
| „ | „ Weymouthskiefer | = | 6,0 „ |
| „ | „ Fichte | = | 3,1 „ |
| „ | „ Tanne | = | 1,1 „ |

Leider sind die Angaben über die wirklichen Ergebnisse geharzter Nadelhölzer nur in beschränktem Maße mit vorstehenden vergleichbar. Hempel und Wilhelm schreiben in dem unten citirten vortrefflichen und hochempfehlenswerthen Werke:[1]) „Unter allen europäischen Harzbäumen ist die Schwarzkiefer die ergiebigste."

Daß diese Kiefer den in kühleren Lagen wachsenden Pinaster-Arten, also unserer einheimischen und der Hackenkiefer gegenüber an Harzreichthum überlegen sein muß, läßt sich schon aus den Ausführungen der vorigen Abschnitte erwarten, denen zufolge das wärmere Klima die größere Harzmenge erzeugt. Wie in vielen anderen Eigenschaften zeigen sich die Kiefern auch hierin nicht als eine homogene Gattung, sondern die einzelnen Sektionen der Kiefern verhalten sich wie Gattungen. Es sind also aus der Sektion Taeda die südlich wachsenden Arten Pinus australis und cubensis, aus der Sektion Pinaster P. maritima, austriaca, halepensis, Thunbergii ihren nördlicher wohnenden Verwandten an Harzgehalt überlegen. Dazu kommt, daß auch innerhalb der Art selbst der auf dem wärmeren Standorte stehende Baum mehr Harz bildet, als der auf kühlerem Standorte, ja, daß die Südseite des Baumes harzreicher ist als die Nordseite; überdies befördert die Wärme den Austritt des Harzes aus dem Baume, da der warme Balsam dünnflüssiger ist, als der kalte.

Der Einfluß des Klimas auf die Harzmenge ist von der Praxis längst festgestellt worden; ja Grebe[2]) berichtet auf Grund der in den Ilmenauer Forsten angestellten ausführlichen Versuche, daß die Harzausbeute auch mit der Beastung und dem Alter der Bäume in geradem Verhältnisse stünde. Die an demselben Orte befindlichen Angaben beziehen sich auf die Harznutzung an der Fichte und geben den Ertrag einer Lachte an, welche nicht

---

[1]) Die Bäume und Sträucher des Waldes von G. Hempel und K. Wilhelm. Wien, Hölzel. VII. Lieferung, Seite 154.

[2]) Burckhardt, Aus dem Walde, I. Heft, 1865.

über 3′ lang, 1,5″ breit zu machen ist. Die absolute Menge des in einem Jahre gewonnenen Harzes schwankt nach der Zahl der Lachten; davon abgesehen, ist das gewonnene Harz in Folge der langen Exposition an der Luft von einer ganz anderen Zusammensetzung, als der im Baume selbst befindliche Balsam.

Aus diesem Grunde sind die Zahlen über den Ertrag der Harznutzung bei den verschiedenen Holzarten überhaupt pro Lachte oder pro Stamm, oder gar pro Fläche mit den meinigen, welche sich auf die Balsammenge im Baume selbst beziehen, nicht vergleichbar. Starke Fichten liefern im Durchschnitte nur bis zu 0,5 kg Harz alljährlich, Scharr- und Flußharz zusammengenommen. Nach Hempel's Angaben giebt ein starker Schwarzkiefernstamm im Durchschnitte 3,8 kg Harz pro Jahr. Für die P. maritima schwanken die Angaben in der Literatur zwischen 2 bis 3,3 (Durchschnitt 3,0) kg jährlichem Ertrage an Harzprodukten pro Stamm überhaupt; die P. australis liefert nach Mohr 4,2 kg; die P. excelsa im Nordwesten des Himalaya, der einzigen Angehörigen der Sektion Strobus, die auf Harz bis jetzt genützt wurde, liefert nach den Mittheilungen C. G. Roger's[1]) 1,2 kg Harz im Durchschnitte; sie gehört der kühlen Region der Fichten und Tannen an und steht deshalb der in wärmeren Lagen ebendort heimischen P. longifolia, der langnadeligen Kiefer, mit 2,6 kg Harz nach. P. Khasiana, in den Khasia-Bergen von Assam, unmittelbar an die tropische Zone der Laubhölzer sich anschließend, giebt nach Mr. Mann's[2]) Angaben pro Jahr etwa 7,0 kg Harz; Pinus Merkusii liefert nach dem Berichte des Forstbeamten für den Distrikt Tenasserim pro Jahr an 6,0 kg Harz. Auch diese Holzart tritt im oberen Birma bis hart an die tropische Region heran.

Es gruppiren sich demnach nach den praktischen Erfahrungen der Harznutzung die eben genannten Holzarten in ihren Roherträgen an Harz pro Stamm und Jahr folgendermaßen:

| | |
|---|---|
| Pinus Khasiana . . . . . . . . . . | 7,0 kg |
| - Merkusii . . . . . . . . . . | 6,0 - |
| - australis . . . . . . . . . . | 4,2 - |
| - austriaca . . . . . . . . . . | 3,8 - |
| - maritima . . . . . . . . . . | 3,0 - |
| - longifolia . . . . . . . . . . | 2,6 - |
| - excelsa . . . . . . . . . . | 1,2 - |
| Picea excelsa, unsere Fichte . . . . . | 0,5 - |

Die Abnahme in der Harzmenge geht mit der Abnahme in der Wärme des Klimas genau parallel; die Angaben über die P. longifolia, die am Fuße des Himalaya wächst, halte ich für viel zu niedrig.

[1]) Appendix series of the Indian Forester 1893.

[2]) Indian Forester, Vol. VII.

Ueber die Erträgnisse an der Lärche sind keine Zahlen gesammelt; das Ergebniß aus der Lärche schwankt ebenso wie das aus der Tanne. Wird bei der Lärche durch das Anbohren eine Harzspalte getroffen, so kann der Ertrag ein relativ sehr hoher werden; ist dieses nicht der Fall, so steht die Menge hinter der von der Fichte gesammelten zurück; bei der Tanne hängt der Ertrag an Balsam von der Menge und Größe der in der Rinde des Baumes vorhandenen Beulen ab.

Es fällt hier auf, daß unter den Angehörigen der Sektion Pinaster nur die eigentlichen Schwarzkiefern, **Pinus australis, halepensis, maritima, Thunbergii** geharzt werden, während die Rothkiefern, **Pinus silvestris, resinosa, chinensis, densiflora** bis jetzt unbeachtet geblieben sind. Daß die Rothkiefern weniger Harz überhaupt liefern als die Schwarzkiefern, geht schon daraus hervor, daß die Schwarzkiefern dem wärmeren Laubwaldgebiete, die Rothkiefern dem kühleren Laubwalde, oft aber auch erst dem dunklen Nadelwalde angehören. Ein anderer Grund für das Zurückstehen der Rothkiefer ist nicht auffindbar und es sollte die Praxis bei dem hohen Werthe des Harzes nicht versäumen, auch diesen und den fünfnadeliegen Kiefern, z. B. der Strobus, ihr Augenmerk zuzuwenden. Ein starker Baum der gemeinen europäischen Kiefer enthält in seinem Splinte 7,4 kg Balsam; da die gemeine Kiefer jedoch nicht auf Harz genützt wird, können Vergleiche zwischen der im Baume vorhandenen und demselben Baume durch die Nutzung entziehbaren Menge nicht angestellt werden.

Für die **Pinus australis** haben die werthvollen Untersuchungen A. Gomberg's[1]), die mir leider erst nach dem Drucke der vorausgehenden Abschnitte zu Gesichte kamen, eine Reihe von Resultaten zu verzeichnen, deren hier kurz gedacht werden muß; seine Untersuchungen geben nicht bloß über die Harzmenge im Baume, sondern auch über den Einfluß der Harzgewinnung auf den Harzgehalt des Baumes im Splinte und Kerne hochwichtige Aufschlüsse. Gomberg hat gesunde, nicht geharzte, eben der Harzung unterworfene und solche Stämme untersucht, die vor fünf Jahren auf die in den Kieferndistrikten von Alabama übliche Methode geharzt worden waren.

Hinsichtlich der auf die Harzvertheilung im Allgemeinen bezüglichen Ergebnisse sei hier bemerkt, daß Gomberg's Untersuchungen mit den meinigen in folgenden Punkten genau übereinstimmen:

1. Das Splintholz ist stets ärmer an Harz als das Kernholz.
2. Der Harzgehalt nimmt im Kernholze nach dem Splinte hin, also mit dem Aelterwerden des Baumes zu.
3. Die Vertheilung des Harzes im stehenden Baume ist unabhängig von der Schwere des Harzes.
4. Zwischen den einzelnen Individuen bestehen beträchtliche Schwankungen.

[1]) United States Department of Agriculture, Forestry Division. Bull. 8, 1893.

In Bezug auf die Harznutzung und den Ursprung des bei der Nutzung gewonnenen Harzes habe ich 1890[1]), Seite 112, in Bezug auf alle Kiefern auf Grund meiner mikroskopisch-anatomischen Studien den Satz geschrieben: „wo aber Splint in Kernholz übergeht, da verwachsen alle Harzkanäle durch dieselben Zellen, welche früher Harz ausgeschieden haben; es kann daher bei der Harznutzung der Kiefer, so tief die Verwundung auch gehen mag, nie Harz aus dem Kernholze ausfließen und alles gewonnene Harz stammt aus dem Splintholze des Baumes, beziehungsweise aus der Rinde, aus der es während der Vegetationszeit in das Holz zurückfließen kann. Daraus erklärt es sich vollständig, warum der Harzgehalt des Kernes durch die Harznutzung keine Abnahme, das specifische Gewicht und die Güte des Holzes keine Veränderung erleiden können, von der Verwundung und ihren Folgen, der Zerstörung von Außen und von Insekten selbstverständlich abgesehen". Den amerkianischen Forschern sind diese auf Grund der anatomischen Verschiedenheiten zwischen Kern- und Splintholz aufgestellten Sätze entgangen. Ihre Untersuchungen haben aber die volle Bestätigung derselben ergeben. Gomberg faßt seine Untersuchungen geharzter und nicht geharzter südlicher Kiefern in die Worte zusammen, daß die Harzung auf die Harzmenge des Kernholzes einen geringen, wenn überhaupt einen Einfluß ausübt. J. B. Johnson[2]), der die technischen Eigenschaften des Holzes der südlichen Kiefer untersuchte, kam zu dem a priori zu erwartenden Resultate, daß das Kernholz der geharzten Kiefer in keiner Eigenschaft durch die Harznutzung verschlechtert werde, also hinter nicht geharztem zurückstehe. Hierdurch ist endgültig der Haupteinwand gegen die Harznutzung überhaupt, nämlich die Verschlechterung des Holzes in seinen physikalischen und technischen Eigenschaften durch den Entzug des Harzes, beseitigt; es bleibt nun zu untersuchen, wie weit das Splintholz durch den Harzentzug in Mitleidenschaft gezogen wird.

Da Gomberg der erste ist, der geharzte und nicht geharzte Stämme von P. australis nach einer genauen Methode auf ihren Harzgehalt geprüft hat, so sind seine Untersuchungen höchst beachtenswerth; ob er aber dieselben richtig deutete, indem er Differenzen im Harzgehalte des Splintes geharzter und nicht geharzter Bäume zu erkennen glaubte, möchte ich bezweifeln.

Der Gehalt an festem Harze für alle Splintstücke beträgt:

von den beiden nicht geharzten Kiefern 23,0 g in 1 kg absolut trockenen Holzes,

von den beiden eben geharzten Kiefern 27,3 g in 1 kg absolut trockenen Holzes,

von den beiden vor 5 Jahren geharzten Kiefern 22,0 g in 1 kg absolut trockenen Holzes.

---

[1]) H. Mayr, Die Waldungen von Nordamerika.

[2]) U. St. Dep. of Agric. Bull. 8, 1898.

Diese Zahlen dürften eher beweisen, daß auch im Splinte durch die Harznutzung der Harzgehalt nicht vermindert wird; bei dem thatsächlichen Entzuge ist dieses nur dadurch zu erklären, daß für den Entzug des Harzes wieder völliger Ersatz von Seiten des Baumes geleistet wird, was wohl möglich ist, da die Vegetationszeit des Baumes mit der Zeit der Harznutzung zusammenfällt. Die von Jahr zu Jahr abnehmende Menge an Harz bei der Nutzung dürfte demnach nicht einer Erschöpfung des Baumes an Harz zuzuschreiben sein, sondern vielmehr dem Geringerwerden der Druckkraft (Turgescenz) der austrocknenden, rindenlosen Splintpartien im Zusammenhange mit der durch die Anbringung des Grandels (Box) nöthigen Einkerbung des Holzes unterhalb der Lachte, wodurch der Wasserstrom von unten theilweise unterbrochen wird. Neben dem Ersatze bildet jedoch der Baum noch das normale Quantum an Harz für die betreffenden neuen Jahresringe. Dafür sprechen auch die Harzgänge im neuen Jahrringe während der Harzung. Nach meiner Auffassung wäre dies dadurch zu erklären, daß durch die Harznutzung der Baum zu größerer vegetativer Thätigkeit in seiner Krone, zu stärkerer Holz- und Harzbildung in den ersten Nutzungsjahren angeregt wird. Für diesen Gedanken spricht auch der Umstand, daß die geharzten Stämme der nordamerikanischen Kiefern nach außen, nach der Peripherie des Stammes hin an Jahrringsbreite — trotz des hohen Alters der Bäume von durchschnittlich 200 Jahren — zunehmen.

Was die bei den einzelnen Holzarten befolgten Methoden der Harzgewinnung anbelangt, so könnten alle Fichten-, Kiefern- und Lärchenarten, sowie die Douglastanne auf die gleiche Weise geharzt werden, durch Entfernung der Rinde des Baumes während des Frühjahrs, worauf das Harz aus den Kanälen des Holzes und der verletzten Rinde vom Stamme selbst ausgepreßt wird.

In allen Ländern, die Harznutzung betreiben, wird im Laufe des ersten Jahres bei den Kiefern eine annähernd gleich große Fläche des Stammes der Rinde beraubt, nämlich ca. 700 qcm. Die Fichtenlachte ist nur halb so groß. Mit Rücksicht auf den Gesundheitszustand des Baumes und auf eine mögliche Heilung der entrindeten Stammpartie wäre die schonendste Form jene, welche bei gegebener Fläche den größten Umfang hat, da von den Umfangsgrenzen (Wundrändern) her die Ueberwallung vor sich geht. Die günstigste Form wäre demnach ein sehr schmales, langes Rechteck oder eine ebensolche Ellipse; diese Form ist bei der Fichte üblich, welche in ihrem späteren Gebrauchswerthe durch die Harznutzung weniger geschädigt wird, als die Kiefer; denn einmal überwallt bei den Fichten im Laufe der Jahre die Schälwunde wieder, freilich nur zu oft über bereits infizirtes oder zersetztes Holz, dann kann die Nutzung längere Jahre als bei den Kiefern fortgesetzt werden.

Bei den Kiefern hat die entrindete Stelle die Form eines Paraboloids; zur Sammlung des Harzes wird am Grunde eine Vertiefung, Sammelnapf, Grandel in den Stamm gehauen oder das Harz fließt in ein auf den Boden gestelltes oder an den Baum angehängtes Gefäß. Eine Heilung der Wunde ist bei den Kiefern ausgeschlossen; das Holz erhält durch die Austrocknung Sprünge; Regen, Pilzsporen und Insekten dringen ein und leiten eine Zerstörung des Stammes ein, die bald nach der Harznutzung die Fällung des Baumes nothwendig macht.

Wäre es möglich, durch eine Methode die Austrocknung des Holzes zu verhindern und dabei das ausfließende Harz gegen den Verlust an flüchtigen Kohlenwasserstoffen zu schützen — bei dem bis heute üblichen Verfahren beträgt dieser Verlust an 50 % der im ausfließenden Harze enthaltenen Menge —, so müßte eine solche Methode allen bisherigen weit überlegen sein.

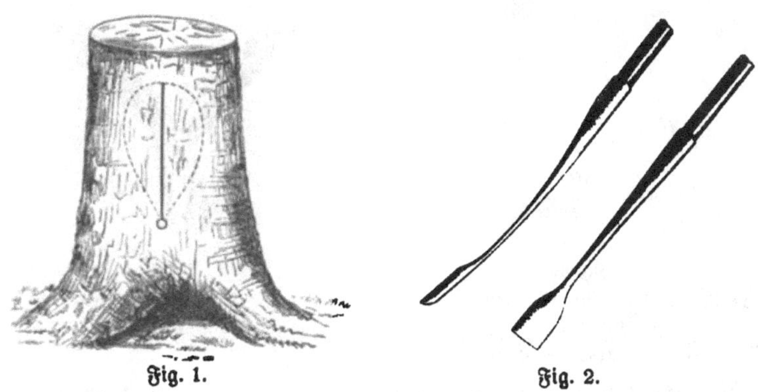

Fig. 1. Fig. 2.

Es wäre zu prüfen, ob nicht vielleicht folgendes **neues Harzungs-Verfahren** die Nachtheile der bisherigen Methoden fast ganz zu vermeiden im Stande wäre.

Zuerst wird mit dem Centrumsbohrer einen Fuß über dem Boden, an der Südostseite des Stammes, schief nach oben ansteigend, ein Loch von dem Durchmesser der anzubringenden Ausflußrinne durch die Rinde bis in das Holz hineingebohrt.

Von dem Loche ausgehend, wird ein etwa 50 cm langer vertikaler Einschnitt in die Rinde mit einer Axt gemacht, worauf dann die Rinde, da die Operation im Frühjahr vorgenommen wird, zu beiden Seiten des Einschnittes von dem Holze mit Hilfe des bei dem Rindenschälen der Fichte üblichen kräftigen, langgestielten Schäleisens (Fig. 2 zeigt die Seiten- und Flächenansicht desselben) losgelöst wird, jedoch so, daß die Rinde selbst nirgends einreißt; dabei soll die Trennungsfläche eine etwa herzförmige Gestalt erhalten (Fig. 1).

Mit demselben Instrumente werden unter der Rinde etwaige Weichholzpartien abgeschabt. Durch Einschieben gefalteter Blechstreifen von verschiedener Länge, in der in Figur 4 angedeuteten Lage, soll verhindert werden, daß die Rinde wieder an das Holz sich anlegt und Ueberwallung resp. Zusammenheilung eintritt; zugleich wird hierdurch das ausfließende Harz von der Rindenspalte hinweg seitlich in eine gemeinsame Bahn gelenkt (Fig. 3).

Die beiden untersten Blechrinnen werden von der Rindenspalte aus so unter die Rinde geschoben, daß ihre Endspitzen in die Ausflußrinne einmünden wie Fig. 4.

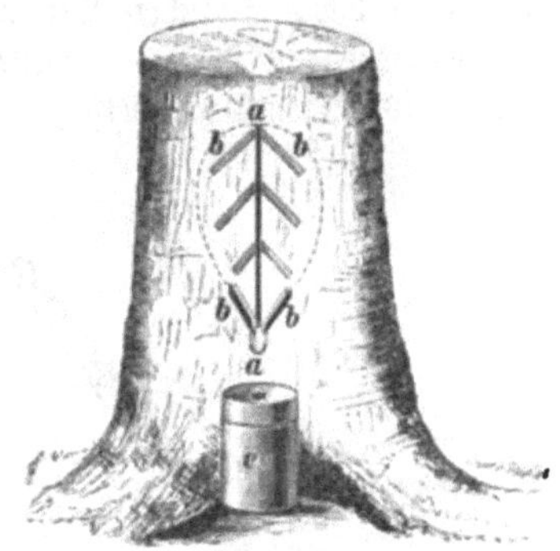


Fig. 3.
aa Rindenspalte, bb Blechrinnen, c Auffanggefäß.
Die punktirte Linie begrenzt die unter der Rinde von dieser losgelöste Holzfläche.

Fig. 4.
aa Zuleitungsrinnen, b Ausflußrinne.

Alle Blechrinnen können der Stammperipherie entsprechend gekrümmt und dem Abstande der Rinde vom Holze gemäß zusammengedrückt werden. Zum Auffangen des abfließenden Balsams dient ein Gefäß mit trichterförmigem Deckel und kleiner Oeffnung in demselben (Fig. 3. c). Auf diese Weise dürfte eine Verunreinigung des Harzes und eine Verdampfung des flüchtigen Oeles fast gänzlich ausgeschlossen sein. Die durch die Blechstreifen aufgebuckelte Rinde verhindert sodann, daß das vom Stamme herabfließende Regenwasser in das Sammelgefäß sich ergießt; es läßt sich wenigstens leicht durch Ablösen einiger Borkenschuppen ein Weg für das Regenwasser rechts und links der Harzlachte bahnen.

Um diese Vortheile auch für die folgenden Jahre nicht entbehren zu müssen, empfiehlt es sich, die entbehrlich gewordenen tieferen Blechrinnen zu entfernen, die Rindenspalte nach oben zu verlängern, die Lachte links und rechts davon unter der Rinde zu verbreitern und die verlassenen, tieferen Rindenpartien wieder an den Stamm festzunageln. Hierdurch wird es auch möglich sein, die ganze Ausflußvorrichtung dem Aufrücken der subkortikalen

Lachte entsprechend höher zu verlegen, wobei auch das Gefäß an zwei Nägeln aufgehängt und emporgerückt werden kann.

Um an stark borkigen Kiefern, Lärchen oder Douglastannen diese Methode einzurichten, wird es nothwendig sein, die Borkenschuppen theilweise zu entfernen (Anröthen).

Die bei der Harznutzung der Rinde beraubten Holzpartien verkienen (Seite 66); nach der eben geschilderten Methode wird die Verkienung eine mangelhafte bleiben müssen; bei den nach bisheriger Methode geharzten Kiefern ist dieselbe aber eine so vollständige, daß die harzdurchtränkten Stücke einen besonders hohen Gebrauchswerth als Zündspähne besitzen; dieser Kien entsteht natürlich auch bei Rindenkrankheiten aller Art. Im Wege des Frevels werden die Kiefern vielfach zum Zwecke der Kienbildung verletzt. Systematisch betrieben wird diese Kienholzerzeugung an Pinus Khasiana in den Khasia-Bergen von Assam. G. Mann[1]) berichtet hierüber, daß einen Fuß über dem Boden aus dem Baume eine Kerbe von einen Fuß Breite, 1/2 Fuß Höhe und 2 bis 3 Zoll Tiefe gehauen wird; über der Kerbe entfernt man auf 4 Fuß Höhe die Rinde, so daß die ganze, der Luft ausgesetzte Fläche verkient und mit Harz sich überkrustet. Das ausgehauene Holz wird in den Bazars theils als Feuerholz, theils zur Destillation von Terpentinöl verkauft. Letzteres geschieht, indem die harzigen Spähne in einen Topf gebracht werden, der mit durchlöcherten Blättern zugebunden und umgekehrt auf einen zweiten Topf gestellt wird; letzterer findet sich in der Erde versenkt; indem der obere Topf mit Kohlenfeuer erwärmt wird, entweicht das Harz und träufelt in den darunter stehenden Topf. Die Stücke liefern im Durchschnitt 20 bis 25 % Harz. Verkiente Stücke von Pinus Merkusii und Gerardiana dienen in Indien, solche von Pinus Thunbergii in Japan als Fackeln.

Mehr um Mißdeutungen vorzubeugen, erwähne ich hier einer Ausschwitzung aus dem bloßgelegten Splinte der amerikanischen Zuckerkiefer, P. Lambertiana, welche weißgelb, körnig ist und als Hustenmittel vielfach im Westen Nordamerikas verwendet wird. Fraglicher Körper, den ich selbst an den Bäumen in der Sierra Nevada gesammelt habe, schmeckt süßlich und löst sich im Munde auf bis auf einige mechanisch beigemengte Harzpartikelchen, die manchen Stücken auch ganz fehlen; mit der Harzbildung steht dieser Zuckerstoff wohl in keinem Zusammenhang. Auch an der indischen Strobe, P. excelsa, findet die gleiche Ausschwitzung aus bloßgelegtem Holze statt. Ob die bei uns eingebürgerte nahe Verwandte, P. Strobus, auch solche Zuckerausschwitzungen zeigt, ist mir nicht bekannt.

Die Weymouthskiefer, obwohl reich an Harz und ganz besonders an Terpentinöl, wird nirgends geharzt. Es sollte wenigstens in Deutschland,

[1]) Indian Forester 1881, Seite 125.

wo doch keine Aussicht besteht, daß ihr Holz unter den einheimischen Nadelhölzern eine hervorragende Rolle spielen werde, versucht werden, durch die Harznutzung dem wirthschaftlichen Werthe der zahlreich im Walde vorhandenen Weymouthskiefern ein neues Moment beizufügen.

Von den in Deutschland heimischen Nadelhölzern werden nur Fichte und Lärche geharzt. Die bei der Lärche Südtyrols, wenigstens früher, übliche Methode bestand darin, daß in den Erdstamm schief nach innen und nach unten bis an die im Kern nicht seltenen Harzspalten Löcher gebohrt wurden, in denen sich auch das aus dem Splinte austretende Harz ansammeln konnte; das angesammelte Harz wurde ausgeschöpft, war frei von jeder Verunreinigung, reich an Terpentinöl und kam unter dem Namen „Venezianischer Balsam" in den Handel.

Erst an 4. Stelle unter den in Deutschland am meisten kultivirten Nadelbäumen steht, was die Harzmenge betrifft, die Fichte, die in Deutschland einstweilen noch die werthvollste Harzproduzentin darstellt.

Wenn die gegenwärtige Methode in Nordamerika, die sich bei den hohen Arbeitslöhnen nur rentirt, solange noch jungfräuliche Bestände der Pinus australis in Angriff genommen werden können,[1]) beibehalten wird, so dürfte die Zeit bald kommen, da Amerika den Weltmarkt nicht mehr, wie bisher, in Harzprodukten beherrschen kann. Würde dem Pechler der Holzfäller und diesem der Baumpflanzer folgen, dann wäre die Fläche, die jetzt noch mit der südlichen Kiefer bedeckt ist, wohl groß genug, um Amerika und Europa dauernd mit den nöthigen Harzprodukten zu versehen; an Ergiebigkeit bleibt ja die südliche Kiefer den europäischen stets überlegen wegen des warmen und feuchten Klima's, in dem der Baum lebt. So aber wird die Zeit wieder kommen, daß die Harzgewinnung auch bei unserer Fichte wiederum eine lohnende Nebennutzung werden kann, die bei verbesserten Methoden und bei der nachgewiesenen Thatsache, daß der Harzentzug nur soweit dem Baume schadet, als die Wunde reicht, nicht mehr der Schrecken der Waldpfleger zu sein braucht; wird die Nutzung auf die letzten Jahre vor dem Abtriebe beschränkt, so dürfte es keinem Bedenken unterliegen, auch Bäume, die zu Nutzholz tauglich sind, ebensogut zur Harzung heranzuziehen, wie Bäume, die überhaupt nur Brennholz liefern.

Neben der Fichte wäre auch die Rothkiefer, P. silvestris, auf ihr Harz zu prüfen.

Den geringsten Harzgehalt endlich besitzt die Tanne, von welcher ein Exemplar mit 1 cbm Gesammtinhalt etwa 1 kg frisches Harz im Splinte enthält. Da die Tanne keine Harzgänge besitzt, so kann das Harz aus dem Splintholze des stehenden Baumes nicht gewonnen werden; dagegen

[1]) confer. H. Mayr, Die Waldungen von Nordamerika, Seite 53, 54, 55.

wird das sehr terpentinölreiche Harz aus den Beulen der glatten Rinde junger Bäume gedrückt, welches als der „Straßburger Terpentin" verkauft wird.

Auf gleiche Weise könnte auch der sehr flüchtige und aromareiche Rindenbalsam der Douglastanne aus deren Harzbeulen gewonnen werden. Auffallend ist, daß an Tannen und Douglastannen, die durch Wurzelpilze kränkeln, die Zahl dieser Beulen ganz auffallend gesteigert wird.

VI.

# Fossile Harze.

Der an der nordostdeutschen Küste gefundene **Bernstein** ist mit seinen verwandten Arten ein fossiles Hartharz, das nach den belehrenden Untersuchungen von Professor Conventz[1]) wohl zum größten Theile von Kiefern abstammt. Mit dem Bernsteine im Zusammenhange gefundene oder im Bernsteine selbst eingeschlossene Holzstücke tragen alle Merkmale eines Kiefernholzes an sich; auch die meisten Nadelfunde weisen auf Kiefern hin. In einem Falle gelang es auch, eine Fichtennadel im Bernsteine zu entdecken; doch dürfte diese wohl nur durch irgend einen Zufall aus höheren oder nördlicheren Regionen herbeigebracht worden sein; da zusammen mit den Kiefernresten auch Reste von Palmen, immergrünen Lorbeeren, Magnolien, Cupressineen und Taxodineen gefunden wurden, so muß das Klima zur Bernsteinzeit annähernd das gleiche gewesen sein, wie es heute zu Tage in Oertlichkeiten ist, in welchen die genannten Holzarten zusammen oder wenigstens einzelne derselben waldbildend auftreten. So weit ich auf der nördlichen Halbkugel Umschau gehalten, ist dies der Fall in Florida und den südlichen Küstenstrichen von Kalifornien, auf der Insel Kiushiu[2]) in Japan und den benachbarten Riukiu-Inseln, auf der südlichsten Küste von China, auf den höheren Bergen Java's und am Fuße des Himalaya in Indien. Nirgends aber in den erwähnten Oertlichkeiten findet sich zusammen mit den erwähnten Holzarten eine Fichte; denn die Fichten gehören viel höheren, kühleren Regionen an, deren wärmste Lagen erst winterkahlen Laubbäumen ein Dasein ermöglichen. Würde auch die Fichte bei dem Aufbau der Bernsteinwälder betheiligt sein, so wäre es auffallend bei dem alljährlichen, reichlichen Nadelabfalle der Fichte (alljährlich fällt wie bei den übrigen Nadelhölzern annähernd die gleiche Menge Nadeln, die alljährlich neu gebildet wird, ab), daß sich nur so selten Nadeln im Bernsteine finden, wo diese, heutzutage wenigstens, die hauptsächlichste Verunreinigung ausfließenden Harzes bilden.

Nach den Untersuchungen von Conventz befinden sich die Holzreste des Bernsteins in sehr vorgeschrittenem Stadium der Zersetzung, wobei Pilze eine große Rolle gespielt haben; durch Verwesung und durch die Thätigkeit der

---

[1]) A. Conventz, Monographie der Baltischen Bernsteinbäume. Danzig. 1890.

[2]) H. Mayr, Monographie der Abietineen des Japanischen Reiches. München. Himmer. 1890.

Pilze wird in den zu Boden gestürzten Stämmen das Harz frei, an dem dann Reste des zersetzten Holzes haften bleiben. Eine größere Menge des Bernsteins stammt von Harzgallen ab; auch in den Nadelhölzern der Jetztzeit (Fichten und Kiefern) sind über handgroße Gallen gar nicht selten. Jeglichen weiteren, wünschenswerthen Aufschluß über den Bernstein ertheilt das Conventz'sche Prachtwerk.

Ein anderes fossiles Harz, das in der Wissenschaft kaum dem Namen nach, geschweige denn in seiner Entstehung und Zusammensetzung bekannt ist, ist der **Fichtelit**, ein fossiles Harz, das seinen Namen nach dem Fichtelgebirge erhalten hat, wo es zuerst vom Apotheker Dr. Schmidt sen. aufgefunden und in der Literatur erwähnt wurde.

Bei Gelegenheit meiner Untersuchungen über das Harz der deutschen Nadelbäume, seine Entstehung, Vertheilung und Funktion in den Bäumen, ergaben sich einige Thatsachen, denen ich zuerst keine Bedeutung beilegte. Durch Herrn Apotheker Dr. Schmidt jun. in Wunsiedel auf den Fichtelit aufmerksam gemacht und in zuvorkommender Weise mit genügendem Material zur Untersuchung versehen, versuchte ich der Frage nach der Entstehung dieses räthselhaften Fossiles näher zu treten. Eine Augenscheinnahme der Fundorte im Fichtelgebirge ergab, daß der Fichtelit, ein krystallisirtes Harz, in Torfmooren (Lohen) entstand und wohl noch heute entsteht. Auch in oberbayerischen Hochmooren ist bereits Fichtelit nachgewiesen worden.

Die Bildung des Fichtelites ist 1. an eine langsame und sehr feuchte Verwesung verkienten Wurzelstockholzes gebunden; 2. durch die Verwesung, durch chemische Einflüsse und durch Pilze wird, wie ich in einem früheren Abschnitte erwähnt, das Harz aus den verkienten Holzpartien ausgetrieben und sammelt es sich im Centrum des Wurzelkörpers an. Findet sich aber unterwegs eine Spalte im Holze, so tritt an dieser Spalte das Harz in Krystallform aus (Harzhydratkrystalle), nicht unähnlich den Krystallen in Spalten von Felsarten; ist eine Seite der Wurzel oder des Stockes rascher zersetzt als die andere, so scheidet sich an der weniger zersetzten Seite zwischen Holz und Rinde das krystallisirende Harz aus. Daß durch Liegenlassen von frischem Harze in Wasser thatsächlich Krystalle von hydratisirtem Harz entstehen können, haben meine Versuche bewiesen. Frisches Harz, wie es aus dem Baume bei Verwundungen ausströmt, mehrere Monate unter Wasser aufbewahrt, scheidet an der Berührungsfläche von Wasser und Harz Krystalle aus; läßt man frische Splintstücke von Kiefern oder Fichten Monate lang im Wasser liegen, so zeigt sich, daß die Harzgänge auf der mit dem Wasser in Berührung stehenden Außenfläche des Stückes mit Krystallen von Harz erfüllt sind, die sich bei Behandlung mit Alkohol unter lebhafter Drehung auflösen. Der im Fichtelgebirge gefundene Fichtelit stammt, wie schon Herr Apotheker Dr. Schmidt in Wunsiedel behauptet hat, wohl ausschließlich von der Hackenkiefer, Pinus uncinnata, ab, welche keine Varietät der kriechenden Kiefer, wegen ihrer Verschiedenheit im Zapfenbau und in der Wuchsform — aus Samen der Hackenkiefer geht immer wieder eine einschaftige aufrechte Form hervor —, sondern eine gute Art ist. Diese schöne Kiefer mit dunkelgrüner, undurchsichtiger Krone, wie eine Cypresse aufwachsend, bildete einstens reine, dicht geschlossene Bestände, von denen nur noch vereinzelte Reste erhalten sind. Durch das Abtorfen und Austrocknen der Moore wird ihr der passende Nährboden entzogen, weshalb sie im Kampfe mit den Fichten und den überall eindringenden gemeinen Kiefern unterliegt. Von letzteren stammt der fossile Fichtelit schon deshalb nicht ab, weil zur Zeit, als das Moor noch bestockt war — im Centrum mit Hackenkiefern, am Rande mit Birken, Erlen und Fichten —, die Kiefern in diese frostreichen Oertlichkeiten mit annähernd polarem Klima noch nicht eingedrungen waren.

Des Fichtelites wurde hier gedacht, um einen Beitrag zur Frage seiner Entstehung zu bringen; da er zu nichts verwendbar zu sein scheint, indem er durch Liegen an der freien Luft sublimirt, so ist er nur interessant für die Wissenschaft, die sich bis jetzt vergeblich an der Aufstellung einer Formel für seine chemische Zusammensetzung abgemüht hat.

---

VII.

# Erklärung der Figurentafeln.

## Tafel I.

Figur 1. Flächenansicht eines Triebes der Fichte, die Rinde durchsichtig gedacht, um den Verlauf der Harzgänge zu zeigen. 1. 4. 6. 9 . . . . Nadelinsertionsstellen; 22 trägt eine halbe Nadel und zeigt den Verlauf der Nadelgänge (roth), die sich durch die Insertionsstelle in der Rinde fortsetzen, um über der unmittelbar tiefer stehenden Nadel 1 in einen Rindenhauptgang (schwarz) einzumünden; im Nadelkissen entspringen von den Nadelgängen die Nebengänge (schwarz).

Figur 2. Querschnitt nach der Linie a—b von Figur 1. Die Farben der Harzgangquerschnitte mit derselben Bedeutung wie bei Figur 1; aus den vertikalen Gängen des Holzes entspringen Horizontale, die im Baste eine erweiterte Endigung besitzen.

Figur 3. Querschnitt durch den Lärchentrieb, um das Fehlen der Rindenhauptgänge zu zeigen.

Figur 4. Jahresring-Grenze bei der Fichte; zwischen den Harzgängen zweier Jahrestriebe besteht keine Verbindung; die Linie a—c ist die wirkliche, die Linie b—b die scheinbare Jahrringgrenze.

Figur 5. Entstehung der Harzgänge im Holzkörper durch Auseinanderweichen der Harz ausscheidenden Zellen.

Figur 6. a—a Markstrahl mit 1 Harzgang, unmittelbar vor dem Eintritte der Kernholzbildung; die dünnwandigen Zellen b—b—b sind zu einem Füllgewebe (Thyllen) ausgewachsen; die dickwandigen c—c—c blieben unverändert; von dem Harzgange sind noch die von Harz erfüllten Intercellularen d—d übrig.

## Tafel II.

Figur 7. a Drüsen-Haar eines jungen Triebes der Fichte; die Kopfzelle scheidet Harz aus, das die Cuticula mützenförmig aufbläht (b). Durch Platzen der Cuticula wird das Harz frei, wobei ein Rest der Cuticula zurückbleibt (c).

Figur 8. Beginn der Bildung einer Auskleidungsschicht in einer eben entstehenden Harzgalle. Nach der Abspaltung von mehreren Längszellen ergoß sich Harz in die zartwandige cambiale Region und tödtete durch Druck die jüngsten cambialen Schichten, welche collabirten (bb). Mit der Druckverminderung beginnt sogleich die Bildung von Wundparenchym (Isolirschichte), indem die Markstrahlzellen sich lebhaft theilen und mit kugeliger Gestalt und lückenlosem Verbande gegen das Harz vorrücken, bis der Druckwiderstand eine weitere Theilung und Zellvermehrung beeinträchtigt. Das Endresultat ist in

Figur 10 dreimal vergrößert für die Kiefer dargestellt, bei der die körnige Isolirmasse stets mächtiger ist als bei der Fichte. Wie durch Auflösung kompacter, daher mit scharfen Kanten aneinander grenzender Parenchymzellgruppen eine Harzgalle mit intakten und kugelig geformten Auskleidungsschichten hervorgehen kann, ist unerfindlich.

Figur 9 a. Zwei fertige zweijährige Harzgallen, an der Peripherie des Stammes (nach Ablösung der ausgebuckelten Rinde) hervorspringend. Das in das Cambium ergossene Harz von Wundparenchym eingekapselt; vom Jahresringe überwachsen.

Figur 9 b. Querschnitt durch die beiden Gallen; während der Bildung der Isolirschicht (Wundparenchym) erfolgte ein zweiter schwacher Harzerguß aus den horizontalen Kanälen, welcher zweite Erguß ebenfalls eingekapselt wurde, so daß kleine Harzgallen innerhalb der großen entstanden.

Figur 11. Verbindung zweier vertikaler Harzgänge a—b im Holzkörper der Fichte; die zwischenliegenden Zellpartieen bleiben parenchymatisch und weisen Intercellularräume auf, durch welche das Harz von einem Vertikalgang zum anderen gelangen kann (c).

Tafel I.

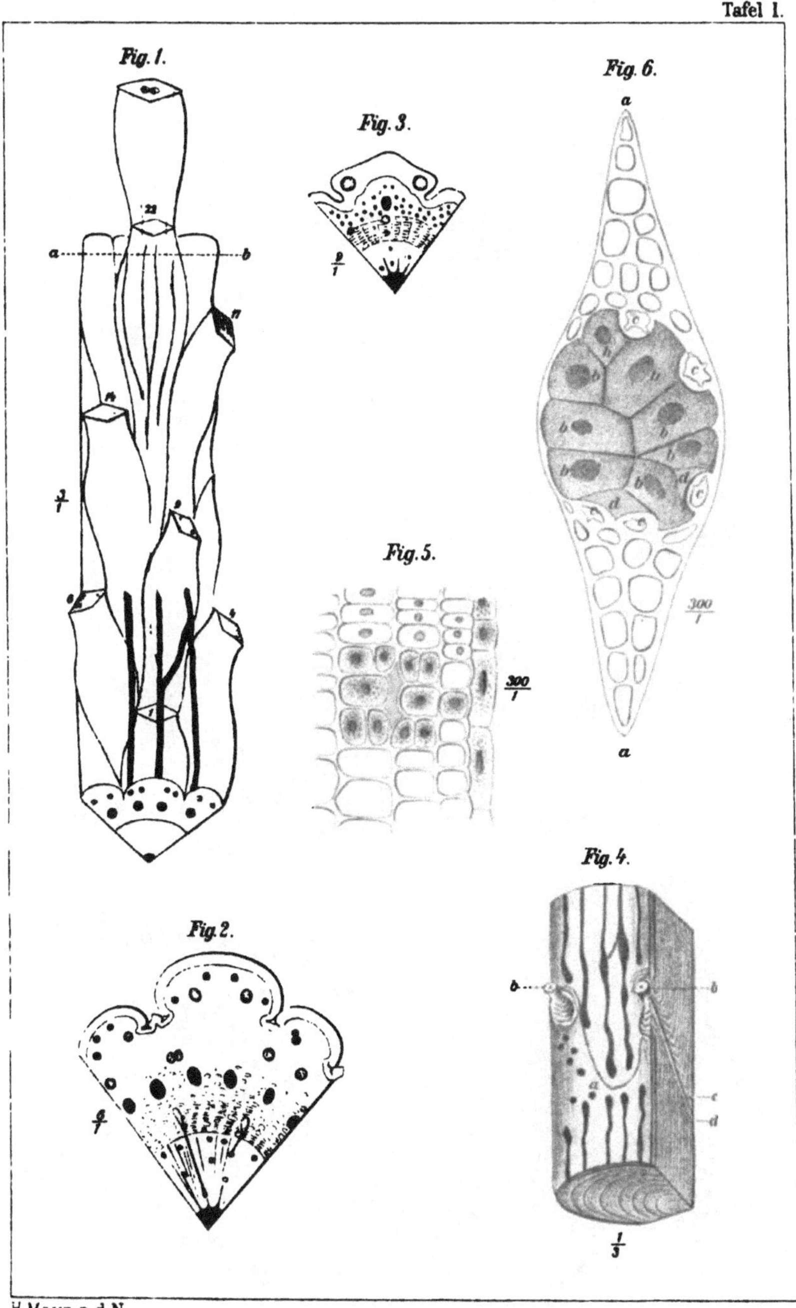


H Mayr n.d N

Tafel II.

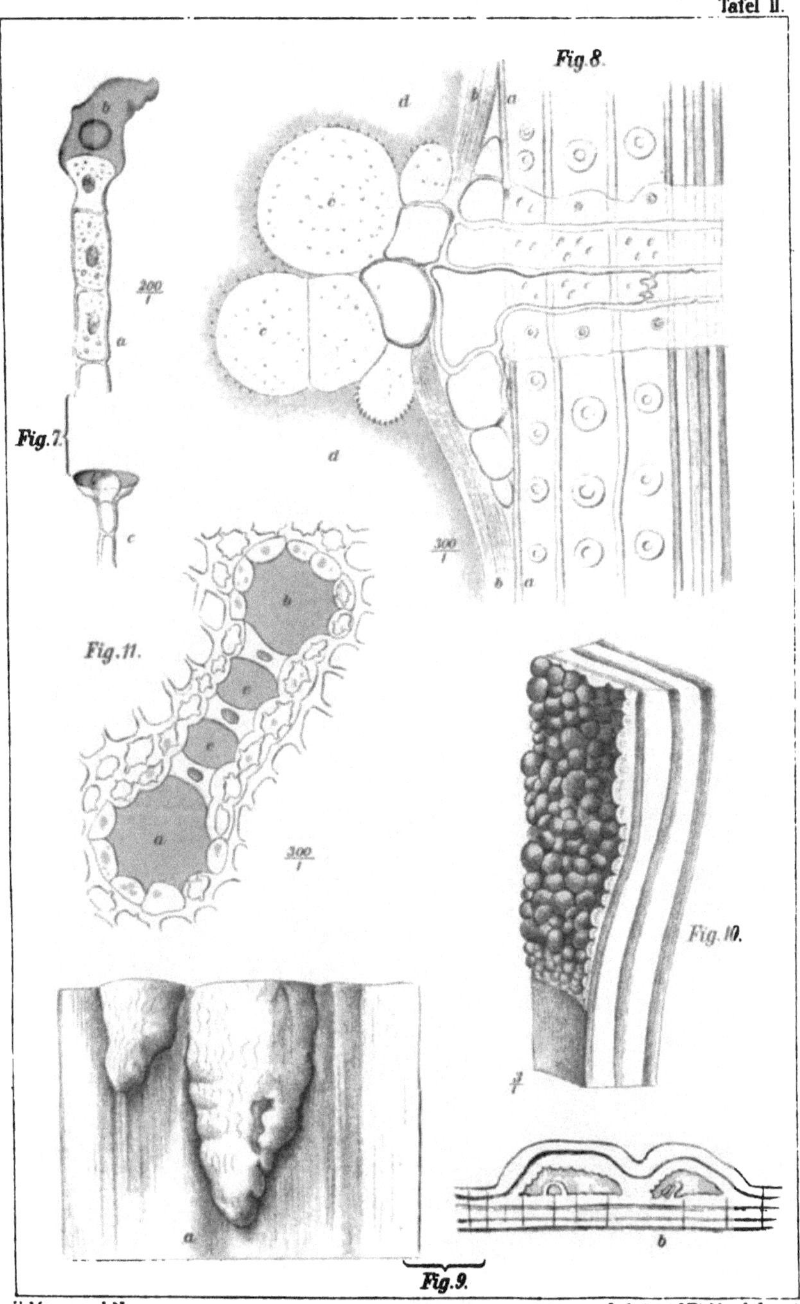


H Mayr n. d N. Verlag von Julius Springer, Berlin Lith Anst J. Klinkhardt Leipzig

Zeitfracht Medien GmbH
Ferdinand-Jühlke-Straße 7
99095 Erfurt, Deutschland
produktsicherheit@kolibri360.de